JN132564

1章 複素数と方程式

1節 式の計算

1 整式の乗法

➡教p.10, 11

例1

例2

まとめ

1 問題文

➡教p.10 問1

2 問題文

➡教p.10 問2

ステップノート 数学Ⅱ

数Ⅱ 705 「高校数学Ⅱ」完全準拠

もくじ

Warm-up
ウォームアップ

例 1 次の計算をしてみよう。

(1) $\dfrac{x}{4}\times\dfrac{y}{5}$

$=\dfrac{x\times y}{4\times 5}$

$=\dfrac{\boldsymbol{xy}}{\mathbf{20}}$

分母どうし，分子どうしをかける。

(2) $\dfrac{x}{6}\div\dfrac{2}{5}$

$=\dfrac{x}{6}\times\dfrac{5}{2}$

$=\dfrac{x\times 5}{6\times 2}$

$=\dfrac{\mathbf{5}\boldsymbol{x}}{\mathbf{12}}$

$\div\dfrac{■}{●}\rightarrow\times\dfrac{●}{■}$

(3) $\dfrac{a}{16}\div\left(-\dfrac{3}{4}\right)$

$=\dfrac{a}{\cancel{16}_{4}}\times\left(-\dfrac{\cancel{4}^{1}}{3}\right)$ ←約分する。

$=-\dfrac{\boldsymbol{a}}{\mathbf{12}}$

例 2 次の計算をしてみよう。

(1) $\dfrac{x+1}{5}+\dfrac{x-4}{5}$

$=\dfrac{(x+1)+(x-4)}{5}$

$=\dfrac{\mathbf{2}\boldsymbol{x}-\mathbf{3}}{\mathbf{5}}$

(2) $\dfrac{7x-1}{12}+\dfrac{x+5}{12}$

$=\dfrac{(7x-1)+(x+5)}{12}$

$=\dfrac{8x+4}{12}$

$=\dfrac{\mathbf{2}\boldsymbol{x}+\mathbf{1}}{\mathbf{3}}$

$\dfrac{8x+4}{12}=\dfrac{\cancel{4}(2x+1)}{\cancel{12}_{3}}=\dfrac{2x+1}{3}$

(3) $\dfrac{2x+1}{6}-\dfrac{x-4}{6}$

$=\dfrac{(2x+1)-(x-4)}{6}$

$=\dfrac{2x+1-x+4}{6}$ ←符号に注意

$=\dfrac{\boldsymbol{x}+\mathbf{5}}{\mathbf{6}}$

(4) $\dfrac{3x-1}{4}+\dfrac{x+2}{3}$

$=\dfrac{(3x-1)\times 3}{4\times 3}+\dfrac{(x+2)\times 4}{3\times 4}$ 通分する。

$=\dfrac{9x-3}{12}+\dfrac{4x+8}{12}$

$=\dfrac{\mathbf{13}\boldsymbol{x}+\mathbf{5}}{\mathbf{12}}$

例 3 指数法則を用いて，次の計算をしてみよう。

(1) $3x^4\times x^3=3x^{4+3}$

$=\mathbf{3}\boldsymbol{x}^{\mathbf{7}}$

(2) $x^3y^5\times xy^2=x^{3+1}y^{5+2}$

$=\boldsymbol{x}^{\mathbf{4}}\boldsymbol{y}^{\mathbf{7}}$

(3) $(-2a^2b)^3=(-2)^3a^{2\times 3}b^3$

$=-\mathbf{8}\boldsymbol{a}^{\mathbf{6}}\boldsymbol{b}^{\mathbf{3}}$

指数法則

m，n が正の整数のとき

1. $a^m\times a^n=a^{m+n}$
2. $(a^m)^n=a^{m\times n}$
3. $(ab)^n=a^nb^n$

1 次の計算をしなさい。 ➲教p. 5 問 1

(1) $\dfrac{x}{3}\times\dfrac{y}{6}$

(2) $\dfrac{x}{4}\div\left(-\dfrac{3}{5}\right)$

(3) $\dfrac{x}{8}\times\dfrac{2y}{7}$

(4) $\left(-\dfrac{a}{6}\right)\div\dfrac{5b}{18}$

2 次の計算をしなさい。 ➲教p. 5 問 2

(1) $\dfrac{x}{4}+\dfrac{2x-1}{4}$

(2) $\dfrac{3x-7}{8}+\dfrac{x-5}{8}$

(3) $\dfrac{3x+4}{5}-\dfrac{2x+3}{5}$

(4) $\dfrac{x+3}{4}+\dfrac{x-1}{3}$

(5) $\dfrac{3x-y}{4}-\dfrac{x-y}{6}$

(6) $\dfrac{2x-y}{3}-\dfrac{x-11y}{6}$

3 次の計算をしなさい。 ➲教p. 5 問 3

(1) $x^5\times 6x^4$

(2) $3x^2y\times(-5xy^3)$

(3) $(-4ab^3)^3$

(4) $(-2x^3)^2\times(-3xy^4)$

例4 解の公式を用いて，次の2次方程式を解いてみよう。

(1) $4x^2+5x-1=0$

解の公式に，$a=4$，$b=5$，$c=-1$ を代入して

$$x=\frac{-5\pm\sqrt{5^2-4\times4\times(-1)}}{2\times4}$$

$$=\frac{-5\pm\sqrt{25+16}}{8}=\boldsymbol{\frac{-5\pm\sqrt{41}}{8}}$$

2次方程式の解の公式

$ax^2+bx+c=0$ $(a\neq0)$

の解は

$$\boldsymbol{x=\frac{-b\pm\sqrt{b^2-4ac}}{2a}}$$

(2) $2x^2-5x-3=0$

解の公式に，$a=2$，$b=-5$，$c=-3$ を代入して

$$x=\frac{-(-5)\pm\sqrt{(-5)^2-4\times2\times(-3)}}{2\times2}$$

$$=\frac{5\pm\sqrt{25+24}}{4}=\frac{5\pm\sqrt{49}}{4}=\frac{5\pm7}{4}$$

よって　$x=\frac{5+7}{4}=\frac{12}{4}=3$

$x=\frac{5-7}{4}=\frac{-2}{4}=-\frac{1}{2}$

したがって　$\boldsymbol{x=3,\ -\frac{1}{2}}$

←$\frac{5+7}{4}$ と $\frac{5-7}{4}$ は別々に計算する。

(3) $4x^2-12x+9=0$

解の公式に，$a=4$，$b=-12$，$c=9$ を代入して

$$x=\frac{-(-12)\pm\sqrt{(-12)^2-4\times4\times9}}{2\times4}$$

$$=\frac{12\pm\sqrt{144-144}}{8}=\frac{12\pm\sqrt{0}}{8}=\frac{12}{8}=\boldsymbol{\frac{3}{2}}$$

←$\sqrt{0}=0$ だから $12\pm\sqrt{0}=12$

例5 次の値を求めてみよう。

(1) ${}_4\mathrm{C}_3=\frac{4\times3\times2}{3\times2\times1}$

$=\mathbf{4}$

(2) ${}_8\mathrm{C}_5=\frac{8\times7\times6\times5\times4}{5\times4\times3\times2\times1}$

$=\mathbf{56}$

(3) ${}_5\mathrm{C}_0=\mathbf{1}$

組合せの総数 ${}_n\mathrm{C}_r$

異なる n 個のものから r 個取る組合せの総数は

$${}_n\mathrm{C}_r=\frac{n(n-1)(n-2)\cdots(n-r+1)}{r(r-1)\times\cdots\times3\times2\times1}$$

ただし　${}_n\mathrm{C}_0=1$ と決める。

4 次の 2 次方程式を解きなさい。 教 p. 7 問 4

(1) $2x^2+7x+1=0$

(2) $3x^2-4x-5=0$

(3) $2x^2+3x-2=0$

(4) $3x^2-x-2=0$

(5) $x^2-8x+16=0$

(6) $9x^2+12x+4=0$

5 次の値を求めなさい。 教 p. 7 問 5

(1) ${}_6C_2$

(2) ${}_8C_3$

(3) ${}_9C_4$

(4) ${}_3C_1$

(5) ${}_4C_4$

(6) ${}_8C_0$

1章 複素数と方程式

1節 式の計算

1 整式の乗法

➡教 p. 10, 11

例6 次の式を展開してみよう。

(1) $(2x+3)(2x-3)=(2x)^2-3^2$

$=\mathbf{4x^2-9}$

(2) $(2x+1)^2=(2x)^2+2\times(2x)\times1+1^2$

$=\mathbf{4x^2+4x+1}$

(3) $(3x-4)^2=(3x)^2-2\times(3x)\times4+4^2$

$=\mathbf{9x^2-24x+16}$

乗法公式

1 $(a+b)(a-b)=a^2-b^2$
2 $(a+b)^2=a^2+2ab+b^2$
3 $(a-b)^2=a^2-2ab+b^2$

6 次の式を展開しなさい。

➡教 p. 10 問1

(1) $(x+1)(x-1)$

(2) $(x+5)(x-5)$

(3) $(3x+1)(3x-1)$

(4) $(3x-4)(3x+4)$

(5) $(2x+5)(2x-5)$

7 次の式を展開しなさい。

➡教 p. 10 問1

(1) $(x+2)^2$

(2) $(2x+3)^2$

(3) $(5x+1)^2$

(4) $(2x-5)^2$

(5) $(3x-2)^2$

例 7 次の式を展開してみよう。

(1) $(x+5)(x-7)$

$= x^2+\{5+(-7)\}x+5\times(-7)$

$= \boldsymbol{x^2-2x-35}$

乗法公式

④ $(x+a)(x+b)=x^2+(a+b)x+ab$

⑤ $(ax+b)(cx+d)=acx^2+(ad+bc)x+bd$

(2) $(2x-1)(3x-2)$

$= (2\times3)x^2+\{2\times(-2)+(-1)\times3\}x+(-1)\times(-2)$

$= \boldsymbol{6x^2-7x+2}$

8 次の式を展開しなさい。

➲教p. 10 問1

(1) $(x+5)(x+7)$

(2) $(x-1)(x+5)$

(3) $(x+5)(x-6)$

(4) $(x-4)(x-6)$

(5) $(x+9)(x-8)$

9 次の式を展開しなさい。

➲教p. 10 問1

(1) $(3x+2)(2x+1)$

(2) $(2x+5)(3x-4)$

(3) $(4x-7)(3x+1)$

(4) $(2x-5)(5x-3)$

(5) $(3x-7)(2x-9)$

検

例 8 次の式を展開してみよう。

(1) $(x+5)^3$

$= x^3 + 3 \times x^2 \times 5 + 3 \times x \times 5^2 + 5^3$

$= \boldsymbol{x^3 + 15x^2 + 75x + 125}$

(2) $(3x-4)^3$

$= (3x)^3 - 3 \times (3x)^2 \times 4 + 3 \times (3x) \times 4^2 - 4^3$

$= \boldsymbol{27x^3 - 108x^2 + 144x - 64}$

$(a+b)^3$, $(a-b)^3$ の展開

1 $(a+b)^3 = a^3 + 3a^2b + 3ab^2 + b^3$

2 $(a-b)^3 = a^3 - 3a^2b + 3ab^2 - b^3$

10 次の式を展開しなさい。

教p. 11 問2

(1) $(x+4)^3$

(2) $(2x+3)^3$

(3) $(3x+2)^3$

(4) $(4x+1)^3$

11 次の式を展開しなさい。

教p. 11 問2

(1) $(x-1)^3$

(2) $(x-3)^3$

(3) $(2x-5)^3$

(4) $(4x-3)^3$

2 因数分解

➲教p. 12, 13

例 9 次の式を因数分解してみよう。

(1) $4a^2b-6ab^2=2ab\times 2a-2ab\times 3b$
$=\mathbf{2ab(2a-3b)}$

共通な因数を取り出す。

(2) $9x^2-4=(3x)^2-2^2$
$=\mathbf{(3x+2)(3x-2)}$

(3) $x^2+6x+9=x^2+2\times x\times 3+3^2$
$=\mathbf{(x+3)^2}$

(4) $x^2-14x+49=x^2-2\times x\times 7+7^2$
$=\mathbf{(x-7)^2}$

因数分解の公式

1 $a^2-b^2=(a+b)(a-b)$
2 $a^2+2ab+b^2=(a+b)^2$
3 $a^2-2ab+b^2=(a-b)^2$

12 次の式を因数分解しなさい。

➲教p. 12 問 3

(1) $4a^2+6a$

(2) $6x^2y-15xy^2$

(3) x^2-36

(4) $4x^2-25$

(5) $36x^2-49$

13 次の式を因数分解しなさい。

➲教p. 12 問 3

(1) $x^2+10x+25$

(2) $x^2+16x+64$

(3) $x^2-12x+36$

(4) $x^2-18x+81$

(5) $9x^2+6x+1$

検

⊃教p.12 問3

例 **10** 次の式を因数分解してみよう。

▷ (1) $x^2 + 2x - 15$
$= x^2 + \{5 + (-3)\}x + 5 \times (-3)$
$= (x+5)(x-3)$

因数分解の公式

④ $x^2 + (a+b)x + ab = (x+a)(x+b)$
⑤ $acx^2 + (ad+bc)x + bd$
$= (ax+b)(cx+d)$

(2) $2x^2 - 5x - 12$
$= (x-4)(2x+3)$

$$
\begin{array}{ccccc}
2 & & -12 & & \\
1 & & -4 & \to & -8 \\
2 & & 3 & \to & 3 \\
\hline
& & & & -5
\end{array}
$$

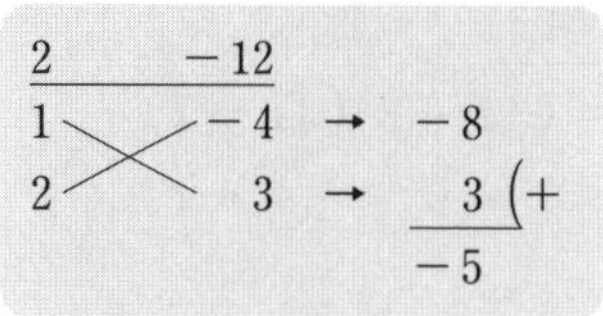

14 次の式を因数分解しなさい。

⊃教p.12 問3

(1) $x^2 + 7x + 10$

(2) $x^2 + 11x + 30$

(3) $x^2 + 6x - 16$

(4) $x^2 - 6x + 8$

(5) $x^2 - 4x - 21$

15 次の式を因数分解しなさい。

⊃教p.12 問3

(1) $3x^2 + 4x + 1$

(2) $2x^2 + 7x + 6$

(3) $3x^2 + 5x - 2$

(4) $5x^2 - 17x + 6$

(5) $3x^2 - 2x - 8$

例 11 次の式を因数分解してみよう。

(1) $x^3+27=x^3+3^3$

$=(x+3)(x^2-x\times3+3^2)$

$=\boldsymbol{(x+3)(x^2-3x+9)}$

(2) $27x^3-8=(3x)^3-2^3$

$=(3x-2)\{(3x)^2+(3x)\times2+2^2\}$

$=\boldsymbol{(3x-2)(9x^2+6x+4)}$

a^3+b^3, a^3-b^3 の因数分解の公式

1 $\boldsymbol{a^3+b^3=(a+b)(a^2-ab+b^2)}$

2 $\boldsymbol{a^3-b^3=(a-b)(a^2+ab+b^2)}$

16 次の式を因数分解しなさい。

教 p. 13 問 4

(1) x^3+64

(2) $8x^3+1$

(3) $27x^3+8$

(4) x^3+27y^3

17 次の式を因数分解しなさい。

教 p. 13 問 4

(1) x^3-1

(2) $27x^3-1$

(3) $8x^3-27$

(4) $8x^3-y^3$

3 二項定理

➡教p. 14, 15

例12 パスカルの三角形を用いて，$(a+3)^4$ を展開してみよう。

▶ $(a+3)^4$

$= a^4 + 4 \times a^3 \times 3 + 6 \times a^2 \times 3^2 + 4 \times a \times 3^3 + 3^4$

$= \boldsymbol{a^4 + 12a^3 + 54a^2 + 108a + 81}$

パスカルの三角形

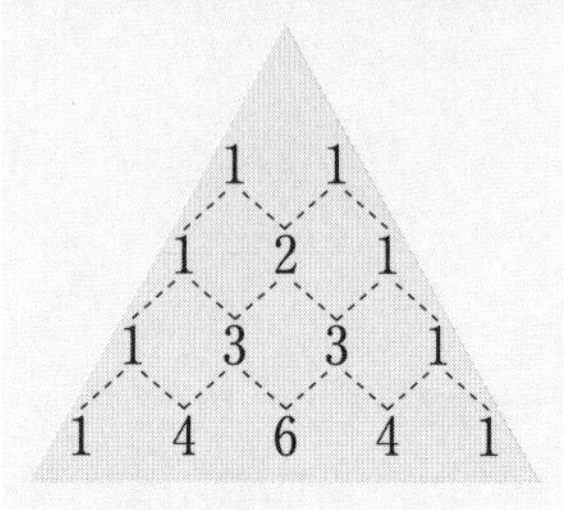

18 $(a+b)^n$ を展開したときのパスカルの三角形を $n=8$ までかきなさい。➡教p. 14

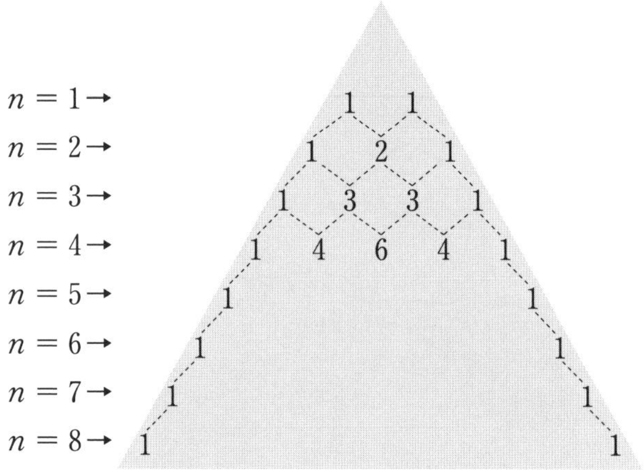

19 パスカルの三角形を用いて，次の式を展開しなさい。➡教p. 14 問5

(1) $(a+b)^8$

(2) $(a+2)^6$

例 13 二項定理を用いて，$(a+1)^5$ を展開してみよう。

$(a+1)^5 = {}_5C_0\,a^5 + {}_5C_1\,a^4 \times 1 + {}_5C_2\,a^3 \times 1^2 + {}_5C_3\,a^2 \times 1^3 + {}_5C_4\,a \times 1^4 + {}_5C_5\,1^5$

ここで　${}_5C_0 = {}_5C_5 = 1$

${}_5C_1 = {}_5C_4 = 5$

${}_5C_2 = {}_5C_3 = 10$

組合せについては，p.4 ウォームアップ参照

よって

$(a+1)^5 = \boldsymbol{a^5 + 5a^4 + 10a^3 + 10a^2 + 5a + 1}$

二項定理

$(a+b)^n = {}_nC_0\,a^n + {}_nC_1\,a^{n-1}b + \cdots + {}_nC_r\,a^{n-r}b^r + \cdots + {}_nC_n\,b^n$

20 二項定理を用いて，$(a+3)^4$ を展開しなさい。 ➡教p. 15　問 6

21 二項定理を用いて，$(a-2)^5$ を展開しなさい。 ➡教p. 15　問 6

検

4 分数式

➲教 p. 16~18

例 14 次の分数式を約分してみよう。

(1) $\dfrac{6a^4b^3}{2a^2b^4}=\dfrac{\overset{3}{\cancel{6}}\overset{a^2}{\cancel{a^4}}\overset{1}{\cancel{b^3}}}{\underset{1}{\cancel{2}}\underset{1}{\cancel{a^2}}\underset{b}{\cancel{b^4}}}=\boldsymbol{\dfrac{3a^2}{b}}$

(2) $\dfrac{x^2-x-2}{x^2+6x+5}=\dfrac{\cancel{(x+1)}(x-2)}{\cancel{(x+1)}(x+5)}=\boldsymbol{\dfrac{x-2}{x+5}}$　←分母や分子が多項式のときは因数分解してから約分する。

22 次の分数式を約分しなさい。

➲教 p. 16　問 7

(1) $\dfrac{4a^2b^3}{2a^3b}$

(2) $\dfrac{3ab^2}{6a^3bc}$

(3) $\dfrac{x+1}{5x(x+1)}$

(4) $\dfrac{2x}{4x(x-2)}$

23 次の分数式を約分しなさい。

➲教 p. 16　問 7

(1) $\dfrac{x}{x^2+3x}$

(2) $\dfrac{x^2+2x}{x+2}$

(3) $\dfrac{x^2-3x-10}{x(x-5)}$

(4) $\dfrac{x^2-3x+2}{x^2-4x+4}$

例 15 次の計算をしてみよう。

(1) $\dfrac{x+1}{x^2-4}\times\dfrac{x-2}{x^2+x}$

$=\dfrac{x+1}{(x+2)(x-2)}\times\dfrac{x-2}{x(x+1)}$

$=\dfrac{1}{x(x+2)}$

因数分解してから約分する。

(2) $\dfrac{3x^2+6x}{x-1}\div\dfrac{x^2+6x+8}{x-1}$

$=\dfrac{3x^2+6x}{x-1}\times\dfrac{x-1}{x^2+6x+8}$

$=\dfrac{3x(x+2)}{x-1}\times\dfrac{x-1}{(x+2)(x+4)}$

$=\dfrac{3x}{x+4}$

$\div\dfrac{■}{●}$ → $\times\dfrac{●}{■}$

24 次の計算をしなさい。 教p.17 問8

(1) $\dfrac{x-1}{x+3}\times\dfrac{x+3}{x-2}$

(2) $\dfrac{x-2}{x(x+4)}\times\dfrac{x+4}{x-3}$

(3) $\dfrac{x^2-1}{x^2-x-6}\times\dfrac{x+2}{x-1}$

(4) $\dfrac{x^2+x}{x-6}\times\dfrac{x^2-6x}{x+1}$

25 次の計算をしなさい。 教p.17 問9

(1) $\dfrac{x-7}{x+5}\div\dfrac{x+9}{x+5}$

(2) $\dfrac{x-6}{x(x+9)}\div\dfrac{x-1}{x+9}$

(3) $\dfrac{x^2-3x-4}{x^2+7x+6}\div\dfrac{x-4}{x+6}$

(4) $\dfrac{x-6}{x}\div\dfrac{x^2-36}{x^2-x}$

検

例 16 次の計算をしてみよう。

$$\frac{x^2}{(x-3)^2}-\frac{9}{(x-3)^2}=\frac{x^2-9}{(x-3)^2}$$

$$=\frac{(x+3)(x-3)}{(x-3)^2}=\boldsymbol{\frac{x+3}{x-3}}$$

←約分できるときは約分する。

例 17 次の計算をしてみよう。

$$\frac{1}{x}+\frac{x-y}{xy}=\frac{1\times y}{x\times y}+\frac{x-y}{xy}$$

$$=\frac{y+x-y}{xy}=\frac{x}{xy}=\boldsymbol{\frac{1}{y}}$$

分数式の加法・減法

分母が同じ→そのまま
分子どうしを計算する。
分母が異なる→**通分**してから
分子どうしを計算する。
最後に→約分できればする。

26 次の計算をしなさい。 教 p. 18 問 10

(1) $\dfrac{a+b}{a+2b}+\dfrac{a-b}{a+2b}$

(2) $\dfrac{2a}{2a-b}-\dfrac{a-b}{2a-b}$

(3) $\dfrac{3x+2}{x+4}-\dfrac{x-6}{x+4}$

(4) $\dfrac{x}{x^2-y^2}+\dfrac{y}{x^2-y^2}$

27 次の計算をしなさい。 教 p. 18 問 11

(1) $\dfrac{4}{x}+\dfrac{9}{y}$

(2) $\dfrac{1}{x-3}+\dfrac{2}{x+6}$

(3) $\dfrac{x-y}{xy}-\dfrac{1}{y}$

(4) $\dfrac{1}{x+2}-\dfrac{1}{(x+2)(x+3)}$

検

2節 複素数と2次方程式

1 複素数

➡教 p. 20〜23

例18 次の数を i を用いて表してみよう。

(1) -6 の平方根

(2) -25 の平方根

▶ (1) -6 の平方根は $\sqrt{6}\,i$ と $-\sqrt{6}\,i$

(2) -25 の平方根は $\sqrt{25}\,i$ と $-\sqrt{25}\,i$

すなわち $5i$ と $-5i$

例19 $\sqrt{-6}$, $-\sqrt{-6}$ を i を用いて表してみよう。

▶ $\sqrt{-6}=\sqrt{6}\,i$

$-\sqrt{-6}=-\sqrt{6}\,i$

虚数単位 i

$i^2=-1$

平方根

正の数 ● の平方根は

$\sqrt{●}$ と $-\sqrt{●}$

負の数 $-$● の平方根は

$\sqrt{-●}$ と $-\sqrt{-●}$

‖ ‖

$\sqrt{●}\,i$ $-\sqrt{●}\,i$

28 次の数を i を用いて表しなさい。

➡教 p. 20 問1

(1) -3 の平方根

(2) -4 の平方根

(3) -8 の平方根

(4) -1 の平方根

29 次の数を i を用いて表しなさい。

➡教 p. 21 問2

(1) $\sqrt{-13}$

(2) $\sqrt{-18}$

(3) $\sqrt{-64}$

(4) $-\sqrt{-100}$

検

例20 方程式 $x^2+12=0$ を解いてみよう。

▶ $x^2+12=0$ より　$x^2=-12$ だから

$x=\pm\sqrt{-12}=\pm\sqrt{12}\,i$

$=\pm 2\sqrt{3}\,i$

$x^2=-●$ の解は $x=\pm\sqrt{-●}=\pm\sqrt{●}\,i$

← -12 の平方根

例21 $(x-4)+(y-1)i=3+2i$ が成り立つような，実数 x，y を求めてみよう。

▶ $x-4=3$ かつ $y-1=2$ だから

$x=7$，$y=3$

複素数の相等

○＋□i＝●＋■i

⇕

○＝●　かつ　□＝■

30 次の方程式を解きなさい。

➲教p. 21　問3

(1) $x^2=-6$

(2) $x^2=-100$

(3) $x^2+11=0$

(4) $x^2+49=0$

(5) $2x^2+6=0$

31 次の等式が成り立つような，実数 x，y を求めなさい。

➲教p. 22　問4

(1) $(x+1)+(y-1)i=4-2i$

(2) $(x-3)+(y+5)i=6-i$

(3) $x+(y-3)i=i$

(4) $(x-5)+yi=3$

(5) $(x+4)+2i=5+yi$

例22 次の計算をしてみよう。

(1) $(3-4i)+(4+6i)=(3+4)+(-4+6)i$
$=\mathbf{7+2i}$

(2) $(5-i)-(2+3i)=(5-2)+(-1-3)i$
$=\mathbf{3-4i}$

(3) $(5+4i)(3-5i)=15-25i+12i-20i^2$
$=15-13i-20\times(-1)$
$=\mathbf{35-13i}$

複素数の加法・減法

i は一般の文字と同じように計算する。

複素数の乗法

i は一般の文字と同じように計算する。ただし，**i^2 は -1 におきかえる。**

32 次の計算をしなさい。 ➲教p. 22 問5

(1) $8i+4i$

(2) $5i-8i+6i$

(3) $(3+5i)+(2-3i)$

(4) $(-3-i)+(4+2i)$

(5) $(2-3i)-(5+4i)$

(6) $(4-i)-3i$

33 次の計算をしなさい。 ➲教p. 22 問5

(1) $-3i\times 9i$

(2) $4i(3+i)$

(3) $(2+i)(5+i)$

(4) $(4-3i)(7-i)$

(5) $(2-i)^2$

(6) $(3-2i)(3+2i)$

例 23 次の複素数と共役な複素数を求めてみよう。

(1) $6-2i$　　　(2) $9i$

▶ (1) $6-2i$ と共役な複素数は　$\boldsymbol{6+2i}$

(2) $9i$ と共役な複素数は　$\boldsymbol{-9i}$

共役な複素数

$a+bi$ ← 共役 → $a-bi$

└ 符号だけ異なる ┘

例 24 次の計算をしてみよう。

▶ $(2-3i)\div(3-i)=\dfrac{2-3i}{3-i}$

$=\dfrac{(2-3i)(3+i)}{(3-i)(3+i)}=\dfrac{6+2i-9i-3i^2}{9-i^2}$

$=\dfrac{9-7i}{10}=\boldsymbol{\dfrac{9}{10}-\dfrac{7}{10}i}$

↑答はここでやめてもよい。

複素数の除法

分母と共役な複素数を分母と分子にかけると，分母を実数になる。

$\dfrac{c+di}{a+bi}\Rightarrow\dfrac{(c+di)(a-bi)}{(a+bi)(a-bi)}$

↓

a^2+b^2

34 次の複素数と共役な複素数を求めなさい。　➲教p. 23　問 6

(1) $5+4i$

(2) $1-7i$

(3) $2+\sqrt{3}i$

(4) $-4-i$

(5) $-6i$

35 次の計算をしなさい。　➲教p. 23　問 7

(1) $(5+i)\div(1+3i)$

(2) $\dfrac{2-i}{5+3i}$

(3) $\dfrac{i}{2+i}$

(4) $\dfrac{7-4i}{4+2i}$

2　2次方程式

➲教 p. 24, 25

例25 次の2次方程式を，解の公式を用いて解いてみよう。

2次方程式の解の公式

$ax^2+bx+c=0$ $(a \neq 0)$ の解は

$$x=\frac{-b\pm\sqrt{b^2-4ac}}{2a}$$

(1) $3x^2-6x+1=0$

$$x=\frac{-(-6)\pm\sqrt{(-6)^2-4\times3\times1}}{2\times3}$$

$$=\frac{6\pm\sqrt{24}}{6}=\frac{6\pm2\sqrt{6}}{6}=\mathbf{\frac{3\pm\sqrt{6}}{3}}$$

← $\frac{6\pm2\sqrt{6}}{6}=\frac{2(3\pm\sqrt{6})}{6_3}$

(2) $x^2+10x+25=0$

$$x=\frac{-10\pm\sqrt{10^2-4\times1\times25}}{2\times1}=\frac{-10}{2}=\mathbf{-5}$$

← $(x+5)^2=0$ と因数分解しても解ける。

(3) $2x^2-x+4=0$

$$x=\frac{-(-1)\pm\sqrt{(-1)^2-4\times2\times4}}{2\times2}=\frac{1\pm\sqrt{-31}}{4}=\mathbf{\frac{1\pm\sqrt{31}\,i}{4}}$$

36 次の2次方程式を，解の公式を用いて解きなさい。 ➲教 p. 24　問8

(1) $x^2+5x-4=0$

(2) $3x^2-8x+2=0$

(3) $4x^2-4x+1=0$

37 次の2次方程式を，解の公式を用いて解きなさい。 ➲教 p. 24　問8

(1) $4x^2+3x+1=0$

(2) $3x^2+5x+4=0$

(3) $x^2-4x+6=0$

検

例26 次の2次方程式の解を判別してみよう。

(1) $2x^2+2x+3=0$

▶ $D=2^2-4\times2\times3=-20<0$

よって，**異なる2つの虚数解**である。

(2) $x^2-12x+36=0$

▶ $D=(-12)^2-4\times1\times36=0$

よって，**重解**である。

2次方程式の解の判別

$ax^2+bx+c=0$ の判別式を

$D=b^2-4ac$ とする。

$D>0 \iff$ 異なる2つの実数解 ｝実数解

$D=0 \iff$ 重解 ｝実数解

$D<0 \iff$ 異なる2つの虚数解―虚数解

例27 2次方程式 $2x^2+8x+k=0$ が実数解をもつような定数 k の値の範囲を求めてみよう。

▶ 判別式を D とすると　$D=8^2-4\times2\times k=64-8k$

$D\geqq0$ だから　$64-8k\geqq0$

これを解いて　$\boldsymbol{k\leqq8}$

←$64-8k\geqq0$
　$-8k\geqq-64$

38 次の2次方程式の解を判別しなさい。

➲教p. 25　問9

(1) $4x^2+7x+2=0$

(2) $x^2+x+1=0$

(3) $16x^2-8x+1=0$

(4) $2x^2-x-3=0$

39 2次方程式が次のような解をもつための定数 k の値の範囲を求めなさい。

➲教p. 25　問10

(1) $x^2+6x+k=0$ が異なる2つの実数解をもつ。

(2) $2x^2-3x+k=0$ が異なる2つの虚数解をもつ。

(3) $4x^2+8x+k=0$ が実数解をもつ。

3 解と係数の関係

➲教p. 26〜28

例 28 2 次方程式 $3x^2-6x+5=0$ の 2 つの解の和と積を求めてみよう。

▶ 2 つの解を α, β とすると

和 $\alpha+\beta=-\dfrac{-6}{3}=\mathbf{2}$, 積 $\alpha\beta=\mathbf{\dfrac{5}{3}}$

↑マイナスに注意

2 次方程式の解と係数の関係

2 次方程式 $ax^2+bx+c=0$ の 2 つの解を α, β とすると

$\boldsymbol{\alpha+\beta=-\frac{b}{a}}$, $\boldsymbol{\alpha\beta=\frac{c}{a}}$

40 次の 2 次方程式の 2 つの解の和と積を求めなさい。 ➲教p. 27 問 11

(1) $2x^2+7x+4=0$

(2) $x^2+6x+4=0$

(3) $3x^2-2x+5=0$

(4) $4x^2-3x-2=0$

41 次の 2 次方程式の 2 つの解の和と積を求めなさい。 ➲教p. 27 問 11

(1) $3x^2+4x=0$

(2) $x^2+8=0$

(3) $3x^2-5=0$

(4) $-x^2-x+4=0$

例 29 2次方程式 $x^2-3x-5=0$ の2つの解を α, β とするとき，次の式の値を求めてみよう。

(1) $\alpha^2\beta+\alpha\beta^2$　　(2) $(\alpha+2)(\beta+2)$　　(3) $\alpha^2+\beta^2$

▶ 解と係数の関係から

$$\alpha+\beta=-\frac{-3}{1}=3,\quad \alpha\beta=\frac{-5}{1}=-5$$

←まず，$\alpha+\beta$，$\alpha\beta$ を求める。

(1) $\alpha^2\beta+\alpha\beta^2=\alpha\beta(\alpha+\beta)=(-5)\times 3=\mathbf{-15}$

(2) $(\alpha+2)(\beta+2)=\alpha\beta+2(\alpha+\beta)+4$

$=-5+2\times 3+4=\mathbf{5}$

(3) $\alpha^2+\beta^2=(\alpha+\beta)^2-2\alpha\beta=3^2-2\times(-5)=\mathbf{19}$

解と係数の関係の利用

式を $\alpha+\beta$ と $\alpha\beta$ で表すように変形する。

42 次の2次方程式の2つの解を α, β とするとき，それぞれの式の値を求めなさい。

➡教p. 27　問 12

(1) $2x^2+3x+4=0$

① $\alpha+\beta$　　② $\alpha\beta$　　③ $\alpha^2\beta+\alpha\beta^2$

(2) $x^2-5x+3=0$

① $\alpha^2\beta+\alpha\beta^2$　　② $(\alpha+4)(\beta+4)$　　③ $\alpha^2+\beta^2$

(3) $3x^2-2x-3=0$

① $\alpha^2+\beta^2$　　② $(\alpha-\beta)^2$　　③ $\dfrac{\beta}{\alpha}+\dfrac{\alpha}{\beta}$

例 30 2つの数 $3+\sqrt{2}$, $3-\sqrt{2}$ を解とする2次方程式を求めてみよう。

2つの数を解とする2次方程式

α, β を解とする2次方程式は

$(x-\alpha)(x-\beta)=0$

これを展開して整理すると

$x^2-(\alpha+\beta)x+\alpha\beta=0$

和　　積

▶ 和　$(3+\sqrt{2})+(3-\sqrt{2})=6$

積　$(3+\sqrt{2})(3-\sqrt{2})=3^2-(\sqrt{2})^2$

$=7$

よって

$x^2-6x+7=0$

←$3+\sqrt{2}$ と $3-\sqrt{2}$ を解とする2次方程式は $\{x-(3+\sqrt{2})\}\{x-(3-\sqrt{2})\}=0$ として展開するより，和と積を求めて右上の公式に代入したほうが簡単

43 次の2つの数を解とする2次方程式を求めなさい。 ⊃教p. 28　問13

(1) 5, 2

(2) -3, 6

(3) 4, -7

(4) -6, -5

(5) 5, 0

44 次の2つの数を解とする2次方程式を求めなさい。 ⊃教p. 28　問13

(1) $5+\sqrt{3}$, $5-\sqrt{3}$

(2) $-1-2\sqrt{3}$, $-1+2\sqrt{3}$

(3) $3+i$, $3-i$

(4) $-4+3i$, $-4-3i$

検

3節 高次方程式

1 整式の除法

➡教 p. 30, 31

例31 次の計算をして，商と余りを求めてみよう。

(1) $(2x^2+3x+1)\div(x-3)$

$$\begin{array}{r} 2x+9 \\ x-3\,\overline{)\,2x^2+3x+1} \\ \underline{2x^2-6x} \\ 9x+1 \\ \underline{9x-27} \\ 28 \end{array}$$

よって，商は $\boldsymbol{2x+9}$

余りは **28**

(2) $(x^3-x+2)\div(x^2+3x-2)$

$$\begin{array}{r} x-3 \\ x^2+3x-2\,\overline{)\,x^3-x+2} \\ \underline{x^3+3x^2-2x} \\ -3x^2+x+2 \\ \underline{-3x^2-9x+6} \\ 10x-4 \end{array}$$

よって，商は $\boldsymbol{x-3}$

余りは $\boldsymbol{10x-4}$

45 次の計算をして，商と余りを求めなさい。 ➡教 p. 30 問1

(1) $(3x^2+8x-6)\div(x+2)$

(2) $(4x^2+6x-3)\div(2x-1)$

46 次の計算をして，商と余りを求めなさい。 ➡教 p. 30 問1

(1) $(x^3+x^2-x-5)\div(x-2)$

(2) $(x^3-2x^2-7)\div(x^2+2x+3)$

例 32 整式 $A=2x^2+5x-6$ をある整式 B でわったら，商 Q が $2x-3$，余り R が 6 となった。整式 B を求めてみよう。

▶ $A=B\times Q+R$ より

$$2x^2+5x-6=B\times(2x-3)+6$$

右辺の 6 を移項して整理すると

$$2x^2+5x-12=B\times(2x-3)$$

よって

$$B=(2x^2+5x-12)\div(2x-3)$$
$$=\boldsymbol{x+4}$$

整式の除法

$$\begin{array}{r} Q \\ B\,\overline{)\,A} \\ \vdots \\ \hline R \end{array}$$

この関係を式で表すと

$$\boldsymbol{A=B\times Q+R}$$

↑わられる式 ＝ わる式 × 商 ＋ 余り

47 次のわり算について，整式 B を求めなさい。 ➲教 p. 31 問 2

(1) 整式 $A=x^2-x-1$ をある整式 B でわったら，商 Q が $x+2$，余り R が 5 となった。

(2) 整式 $A=3x^2-11x+8$ をある整式 B でわったら，商 Q が $x-3$，余り R が 2 となった。

48 次のわり算について，整式 B を求めなさい。 ➲教 p. 31 問 2

(1) 整式 $A=x^3+5x^2+5x-8$ をある整式 B でわったら，商 Q が $x+3$，余り R が $3x+4$ となった。

(2) 整式 $A=2x^3-3x^2-6x+2$ をある整式 B でわったら，商 Q が $2x+3$，余り R が $-x-4$ となった。

2 剰余の定理と因数定理

➡教p. 32，33

例33 $P(x)=x^3-3x^2-1$ のとき，$P(1)$，$P(-2)$ を求めてみよう。

▶ $P(1)=1^3-3\times1^2-1=1-3-1=\mathbf{-3}$

$P(-2)=(-2)^3-3\times(-2)^2-1$

$=-8-12-1=\mathbf{-21}$

例34 $P(x)=x^3-2x^2+3x-1$ を次の式でわったときの余りを求めてみよう。

(1) $x-3$　　(2) $x+2$

剰余の定理

整式 $P(x)$ を $x-a$ でわったときの余りは $\boldsymbol{P(a)}$ である。

▶ (1) $P(3)=3^3-2\times3^2+3\times3-1$

$=27-18+9-1=\mathbf{17}$

(2) $P(-2)=(-2)^3-2\times(-2)^2+3\times(-2)-1$

$=-8-8-6-1=\mathbf{-23}$

←$x+2=x-(-2)$ だから x に -2 を代入する。

49 次の値を求めなさい。 ➡教p. 32　問3

(1) $P(x)=x^3+2x+2$ のとき
$P(1)$，$P(-1)$

(2) $P(x)=x^3-2x^2+4$ のとき
$P(1)$，$P(-2)$

(3) $P(x)=-2x^3-x^2+4x+6$ のとき
$P(2)$，$P(-3)$

50 次のわり算をしたときの余りを求めなさい。 ➡教p. 32　問4

(1) $P(x)=x^3-2x^2+x+4$ を $x-1$ でわる。

(2) $P(x)=x^3-5x-3$ を $x-2$ でわる。

(3) $P(x)=2x^3+x^2-4x+3$ を $x+1$ でわる。

(4) $P(x)=x^3+2x^2-4x-3$ を $x+3$ でわる。

例35 次の式が整式 $P(x)=x^3-2x^2-7x+2$ の因数であるかどうか調べてみよう。

(1) $x-1$

(2) $x+2$

因数定理

整式 $P(x)$ について

$P(a)=0 \iff$ $x-a$ は $P(x)$ の因数

▶ (1) $P(1)=1^3-2\times1^2-7\times1+2$

$=-6$

よって，$x-1$ は因数ではない。

(2) $P(-2)=(-2)^3-2\times(-2)^2-7\times(-2)+2$

$=0$

よって，$x+2$ は因数である。

51 次の式の中から，整式 $P(x)=x^3-7x+6$ の因数であるものをすべて選びなさい。

➲教p. 33　問5

① $x+1$　② $x-1$

③ $x+3$　④ $x-3$

52 次の式の中から，整式 $P(x)=x^3-8x^2+19x-12$ の因数であるものをすべて選びなさい。

➲教p. 33　問5

① $x+1$　② $x-1$

③ $x+4$　④ $x-4$

検

例 36 $2x^3-5x^2+4$ を因数分解してみよう。

←$x-a$ の形の因数を1つみつけてわり算する。

▶ $P(x)=2x^3-5x^2+4$ とおく。

$P(2)=2\times2^3-5\times2^2+4=0$

よって，$x-2$ は $P(x)$ の因数である。

$P(x)$ を $x-2$ でわって商を求めると

$2x^2-x-2$

したがって

$2x^3-5x^2+4=\boldsymbol{(x-2)(2x^2-x-2)}$

$$
\begin{array}{r}
2x^2-\ x\ -2 \\
x-2\,\big)\overline{\,2x^3-5x^2\qquad\ +4} \\
\underline{2x^3-4x^2\qquad\quad} \\
-\ x^2\qquad\quad \\
\underline{-\ x^2+2x\quad} \\
-2x+4 \\
\underline{-2x+4} \\
0
\end{array}
$$

53 次の式を因数分解しなさい。 ➲教p. 33 問6

(1) x^3-3x^2+5x-3

(2) $2x^3+x^2+3x+4$

(3) x^3-x-6

3 高次方程式

➡教 p. 34, 35

例 37 次の方程式を解いてみよう。

(1) $x^3-2x^2-24x=0$

$x(x^2-2x-24)=0$ 　　まず，共通因数でくくる。

$x(x+4)(x-6)=0$ 　　$x^2-2x-24$ を因数分解する。

よって　$x=0$ または $x+4=0$ または $x-6=0$

したがって　$\boldsymbol{x=0,\ -4,\ 6}$

(2) $x^4-x^2-12=0$

$x^2=A$ とおくと，$x^4=(x^2)^2=A^2$ 　　x^4，x^2 の項だけで，x^3，x の項がない方程式では $x^2=A$ とおく。

だから　$A^2-A-12=0$

$(A-4)(A+3)=0$

$(x^2-4)(x^2+3)=0$ 　　A を x^2 にもどす。

よって　$x^2-4=0$ または $x^2+3=0$

したがって　$\boldsymbol{x=\pm 2,\ \pm\sqrt{3}\,i}$

54 次の方程式を解きなさい。

➡教 p. 34　問 7

(1) $x^3+3x^2+2x=0$

(2) $x^3-4x^2-5x=0$

(3) $x^3-9x=0$

(4) $x^3-4x^2+4x=0$

55 次の方程式を解きなさい。

➡教 p. 34　問 7

(1) $x^4-5x^2+6=0$

(2) $x^4-5x^2+4=0$

(3) $x^4-x^2-20=0$

検

例38 方程式 $x^3-x+6=0$ を解いてみよう。

▶ $P(x)=x^3-x+6$ とおくと

$P(-2)=(-2)^3-(-2)+6=0$ だから

$x+2$ は $P(x)$ の因数である。

$P(x)$ を $x+2$ でわると商は x^2-2x+3 だから

$P(x)=(x+2)(x^2-2x+3)$

よって，方程式は

$(x+2)(x^2-2x+3)=0$

$x+2=0$ または $x^2-2x+3=0$

したがって　$\boldsymbol{x=-2,\ 1\pm\sqrt{2}\,i}$

←定数項6の約数
1，−1，2，−2，
3，−3，6，−6
を代入してみる。

$$\begin{array}{r}
x^2-2x+3 \\
x+2\,\overline{)\,x^3\qquad\;\; -x+6} \\
\underline{x^3+2x^2\qquad\qquad} \\
-2x^2-x\quad\; \\
\underline{-2x^2-4x\quad\;} \\
3x+6 \\
\underline{3x+6} \\
0
\end{array}$$

$x^2-2x+3=0$ は，解の公式を用いる。

56 次の方程式を解きなさい。

教 p. 35　問8

(1) $x^3-2x^2-5x+6=0$

(2) $x^3-3x-2=0$

57 次の方程式を解きなさい。

教 p. 35　問8

(1) $x^3-2x^2+x+4=0$

(2) $x^3-2x^2-7x+12=0$

チャレンジ　高次方程式の応用

➡教p. 36

例 39 右の図の直方体は，底面が 1 辺 x cm の正方形で，縦，横，高さの和が 18 cm である。この直方体の体積が 216 cm^3 のとき，x の値を求めてみよう。

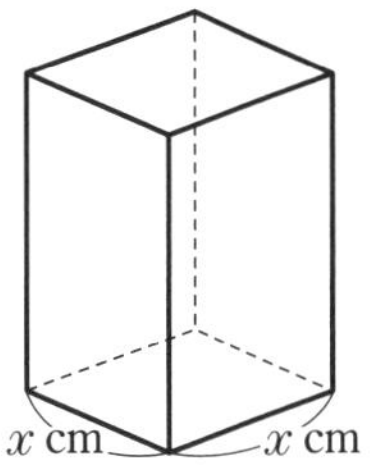

▶ 高さは $(18-2x)$ cm だから，体積について

$x \times x \times (18-2x) = 216$

が成り立つ。この式の左辺を展開して整理すると

$x^3 - 9x^2 + 108 = 0$

←$P(x) = x^3 - 9x^2 + 108$ とおくと
$P(-3) = (-3)^3 - 9 \times (-3)^2 + 108$
$= -27 - 81 + 108 = 0$
よって，$P(x)$ は $x+3$ でわり切れる。

因数定理を用いてこの方程式を解くと

$(x+3)(x^2-12x+36) = 0$

$(x+3)(x-6)^2 = 0$

$x = -3,\ 6$

$$\begin{array}{r|l} & x^2 - 12x + 36 \\ \hline x+3 & x^3 - 9x^2 \qquad + 108 \\ & x^3 + 3x^2 \\ \hline & -12x^2 \\ & -12x^2 - 36x \\ \hline & 36x + 108 \\ & 36x + 108 \\ \hline & 0 \end{array}$$

ここで，$x > 0$ かつ $18 - 2x > 0$

よって，x の値の範囲は

$0 < x < 9$

したがって，x の値は　$\boldsymbol{x = 6}$

58 上の例 39 の直方体で，縦，横，高さの和が 12 cm で，体積が 64 cm^3 のとき，x の値を求めなさい。

➡教p. 36　問 9

検

4節 式と証明

1 等式の証明

➡教 p. 38, 39

例 40 次の等式を証明してみよう。

$$(2a+b)^2-8ab=(2a-b)^2$$

▶ (左辺) $=(2a+b)^2-8ab$

$=(4a^2+4ab+b^2)-8ab$

$=4a^2-4ab+b^2$

(右辺) $=(2a-b)^2$

$=4a^2-4ab+b^2$

よって，(左辺) = (右辺) となるから

$(2a+b)^2-8ab=(2a-b)^2$ が成り立つ。

等式の証明

左辺と右辺を別々に計算して，同じ式になることを示せばよい。

59 次の等式を証明しなさい。 ➡教 p. 38 問 1

(1) $(a-1)^2+4a=(a+1)^2$

(2) $(x+3y)^2+(3x-y)^2=10(x^2+y^2)$

(3) $(a^2-1)(4-b^2)=(2a+b)^2-(ab+2)^2$

例41 $\dfrac{a}{b}=\dfrac{c}{d}$ のとき，$\dfrac{2a+c}{2b+d}=\dfrac{2a-c}{2b-d}$ が成り立つことを証明してみよう。

▶ $\dfrac{a}{b}=\dfrac{c}{d}=k$ とおくと

$a=bk,\quad c=dk$ ------①

証明する式の左辺と右辺に①を代入すると

$$(\text{左辺})=\frac{2a+c}{2b+d}=\frac{2bk+dk}{2b+d}=\frac{k(2b+d)}{2b+d}=k$$

$$(\text{右辺})=\frac{2a-c}{2b-d}=\frac{2bk-dk}{2b-d}=\frac{k(2b-d)}{2b-d}=k$$

よって，(左辺)＝(右辺) となるから

$\dfrac{a}{b}=\dfrac{c}{d}$ のとき，$\dfrac{2a+c}{2b+d}=\dfrac{2a-c}{2b-d}$ が成り立つ。

条件 $\dfrac{a}{b}=\dfrac{c}{d}$

$\dfrac{a}{b}=\dfrac{c}{d}=k$ とおくと

$\dfrac{a}{b}=k$ から $a=bk$

$\dfrac{c}{d}=k$ から $c=dk$

60 $a+b=2$ のとき，次の等式を証明しなさい。

$$a^2+2b=b^2+2a$$

➡教p. 39　問2

61 $\dfrac{a}{b}=\dfrac{c}{d}$ のとき，次の等式を証明しなさい。

$$\frac{a}{a+b}=\frac{c}{c+d}$$

➡教p. 39　問3

検

2 不等式の証明

➡教p. 40，41

例 42 次の不等式を証明してみよう。

$a^2+4b^2 \geqq 4ab$

▶ (左辺)$-$(右辺)$=(a^2+4b^2)-4ab$

$=a^2-4ab+4b^2$

$=(a-2b)^2 \geqq 0$ ←(実数)$^2 \geqq 0$

よって $(a^2+4b^2)-4ab \geqq 0$ ←(左辺)$-$(右辺)$\geqq 0$

したがって，$a^2+4b^2 \geqq 4ab$ が成り立つ。 ←$a^2+4b^2=4ab$ になるのは $a-2b=0$ すなわち $a=2b$ のとき

不等式 $A \geqq B$ の証明

$A-B$ を計算して，
$A-B \geqq 0$ となることを
示せばよい。

62 次の不等式を証明しなさい。 ➡教p. 40 問 4

(1) $a^2+1 \geqq 2a$

(2) $9x^2+y^2 \geqq 6xy$

(3) $(x+1)^2 \geqq 4x$

例 43 $a>0$ のとき，$a+\dfrac{9}{a} \geqq 6$ が成り立つことを証明してみよう。

▶ $a>0$ だから

$$\frac{9}{a}>0$$

相加平均・相乗平均の関係より

$$\frac{1}{2}\left(a+\frac{9}{a}\right) \geqq \sqrt{a \times \frac{9}{a}}=3$$

よって　$a+\dfrac{9}{a} \geqq 6$

相加平均・相乗平均の関係

$a>0$，$b>0$ のとき

$$\frac{a+b}{2} \geqq \sqrt{ab}$$

（$\dfrac{a+b}{2}$：相加平均，$\sqrt{ab}$：相乗平均）

←$a+\dfrac{9}{a}=6$ になるのは

$a=\dfrac{9}{a}$ すなわち $a=3$ のとき

63 $a>0$ のとき，$a+\dfrac{25}{a} \geqq 10$ が成り立つことを証明しなさい。

➲教 p. 41　問 6

64 $a>0$，$b>0$ のとき，$\dfrac{b}{a}+\dfrac{a}{b} \geqq 2$ が成り立つことを証明しなさい。

➲教 p. 41　問 6

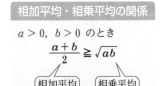

演習問題 up

二項定理の応用

例題 1　二項定理を用いて，$(2a-b)^4$ を展開しなさい。

解答

$$(2a-b)^4=\{2a+(-b)\}^4$$
$$={}_4C_0\,(2a)^4+{}_4C_1\,(2a)^3(-b)+{}_4C_2\,(2a)^2(-b)^2+{}_4C_3\,(2a)(-b)^3+{}_4C_4\,(-b)^4$$
$$={}_4C_0\,(2a)^4-{}_4C_1\,(2a)^3b+{}_4C_2\,(2a)^2b^2-{}_4C_3\,(2a)b^3+{}_4C_4\,b^4$$
$$=1\times16a^4-4\times8a^3b+6\times4a^2b^2-4\times2ab^3+1\times b^4$$
$$=\mathbf{16a^4-32a^3b+24a^2b^2-8ab^3+b^4}$$ 答

係数

$$\begin{pmatrix} {}_4C_0, & {}_4C_1, & {}_4C_2, & {}_4C_3, & {}_4C_4 \\ \| & \| & \| & \| & \| \\ 1 & 4 & 6 & 4 & 1 \end{pmatrix}$$ パスカルの三角形を用いて求めることもできる。

65 二項定理を用いて，次の問いに答えなさい。

(1)　$(2a+3)^4$ を展開しなさい。

(2)　$\left(a-\dfrac{2}{a}\right)^4$ を展開しなさい。

(3)　$\left(a^2+\dfrac{1}{a}\right)^6$ を展開したときの定数項を求めなさい。

例題 2 2次方程式 $x^2+2kx+2k+8=0$ が異なる2つの正の解 α, β をもつとき，定数 k の値の範囲を求めなさい。

解の判別

$ax^2+bx+c=0$ の
判別式 $D=b^2-4ac$
$D>0 \iff$ 異なる2つの実数解
$D=0 \iff$ 重解
$D<0 \iff$ 異なる2つの虚数解

解答

異なる2つの実数解をもつから

$D=(2k)^2-4\times1\times(2k+8)=4(k^2-2k-8)$
$=4(k+2)(k-4)>0$

よって　$k<-2$, $4<k$ ------①

また，$\alpha>0$, $\beta>0$ から

$$\begin{cases}\alpha+\beta=-2k>0 & \text{------②}\\ \alpha\beta=2k+8>0 & \text{------③}\end{cases}$$

②，③から　$k<0$ ------④

$k>-4$ ------⑤

①，④，⑤から，求める範囲は

$\boldsymbol{-4<k<-2}$ 答

2つの実数 α, β について

解と係数の関係より

$\begin{pmatrix}\alpha>0\\ \beta>0\end{pmatrix} \iff \begin{pmatrix}\alpha+\beta>0\\ \alpha\beta>0\end{pmatrix}$

$\begin{pmatrix}\alpha<0\\ \beta<0\end{pmatrix} \iff \begin{pmatrix}\alpha+\beta<0\\ \alpha\beta>0\end{pmatrix}$

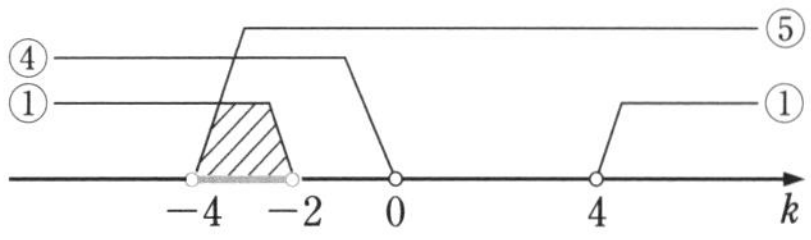

66 2次方程式 $x^2+2kx+k+2=0$ が，次の条件をみたすとき，定数 k の値の範囲を求めなさい。

(1) 異なる2つの実数解 α, β をもつとき

(2) 異なる2つの正の解 α, β をもつとき

(3) 異なる2つの負の解 α, β をもつとき

2章 図形と方程式

1節 点と座標

1 直線上の点の座標と内分・外分

➡教 p. 44〜47

例 44 次の 2 点間の距離を求めてみよう。

(1) A(3), B(−4)

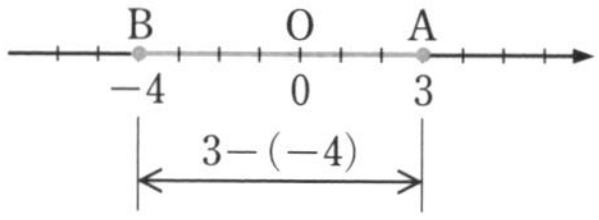

▶ AB = 3 − (−4) = 3 + 4 = **7**

(2) C(−9), D(−3)

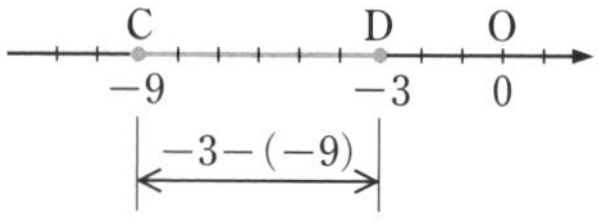

▶ CD = −3 − (−9) = −3 + 9 = **6**

例 45 2 点 A(2), B(10) のとき，次の点 P，Q は線分 AB をどのような比に内分するか調べてみよう。

(1) 点 P(8)

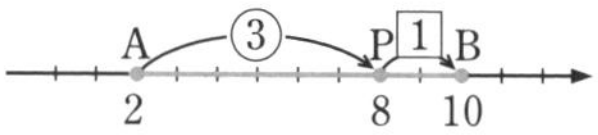

▶ AP = 8 − 2 = 6，PB = 10 − 8 = 2 だから

AP : PB = 6 : 2 = 3 : 1

よって，点 P は線分 AB を **3 : 1** に内分する。

(2) 点 Q(6)

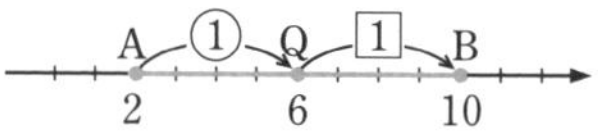

▶ AQ = 6 − 2 = 4，QB = 10 − 6 = 4 だから

AQ : QB = 4 : 4 = 1 : 1

よって，点 Q は線分 AB を **1 : 1** に内分する。

←線分 AB を 1 : 1 に内分する点を，線分 AB の**中点**という。

67 次の 2 点間の距離を求めなさい。

➡教 p. 44 問 1

(1) A(9), B(4)

(2) C(−6), D(3)

(3) P(−8), Q(−3)

(4) O(0), R($-\sqrt{5}$)

68 上の例 45 で，点 R(4)，S(7) はそれぞれ線分 AB をどのような比に内分するか調べなさい。 ➡教 p. 45 問 2

69 3 点 A(4), B(10), C(14) のとき，次の点を下の図にかきなさい。

➡教 p. 45 問 3

(1) 線分 AB を 1 : 2 に内分する点 P

(2) 線分 BC を 3 : 1 に内分する点 Q

(3) 線分 AC の中点 M

例46 2点A(−2)，B(8)のとき，次の点の座標を求めてみよう。

(1) 線分ABを2：3に内分する点Pの座標x

$$x=\frac{3\times(-2)+2\times8}{2+3}=\frac{10}{5}=\mathbf{2}$$

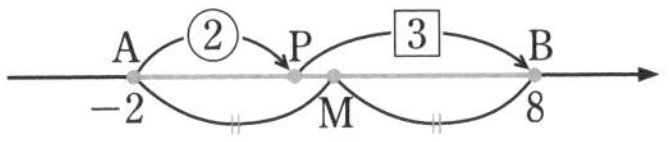

(2) 線分ABの中点Mの座標x

$$x=\frac{-2+8}{2}=\frac{6}{2}=\mathbf{3}$$

直線上の内分点の座標

2点A(a)，B(b)を結ぶ線分ABを$m：n$に内分する点の座標xは

$$x=\frac{na+mb}{m+n}$$ ←分子に注意

とくに，中点の座標xは　$x=\dfrac{a+b}{2}$ ←$m=n=1$と考える。

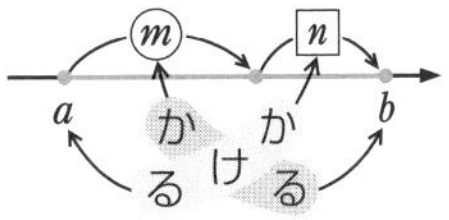

70 2点A(2)，B(10)のとき，次の点の座標xを求めなさい。 ➲教p. 46　問4

(1) 線分ABを1：3に内分する点P

(2) 線分ABを5：3に内分する点Q

(3) 線分ABの中点M

71 2点A(−7)，B(5)のとき，次の点の座標xを求めなさい。 ➲教p. 46　問4

(1) 線分ABを2：1に内分する点P

(2) 線分ABを1：5に内分する点Q

(3) 線分ABの中点M

検

例47 2点 A(2), B(6) のとき，次の点 P，Q は線分 AB をどのような比に外分するか調べてみよう。

(1) 点 P(9)

▶ $AP = 9 - 2 = 7$, $PB = 9 - 6 = 3$

よって，点 P は線分 AB を **7 : 3** に外分する。

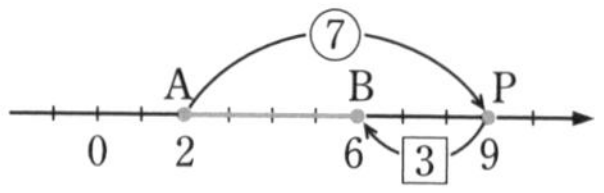

(2) 点 Q(−1)

▶ $AQ = 2 - (-1) = 3$, $QB = 6 - (-1) = 7$

よって，点 Q は線分 AB を **3 : 7** に外分する。

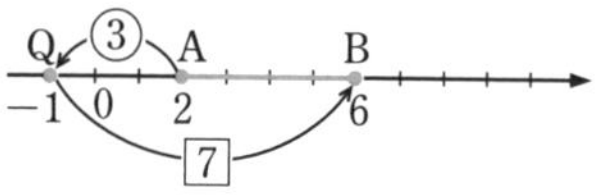

例48 2点 A(−2), B(6) のとき，線分 AB を 5 : 1 に外分する点 P の座標 x を求めてみよう。

▶ $$x = \frac{-1 \times (-2) + 5 \times 6}{5 - 1} = \frac{32}{4} = 8$$

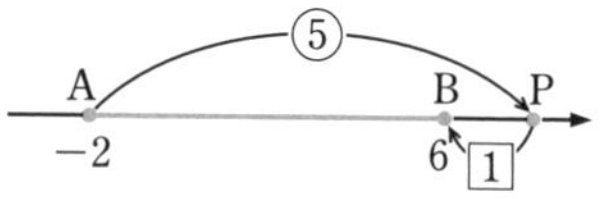

直線上の外分点の座標

2点 A(a), B(b) を結ぶ線分 AB を $m : n$ に外分する点の座標 x は

$$x = \frac{-na + mb}{m - n}$$

←内分の公式で n を $-n$ におきかえたものとなっている。

72 2点 A(−3), B(5) のとき，次の点は線分 AB をどのような比に外分するか調べなさい。 ➲教 p. 47 問5

(1) 点 P(7)

(2) 点 Q(11)

(3) 点 R(−7)

73 2点 A(−4), B(8) のとき，次の点の座標 x を求めなさい。 ➲教 p. 47 問6

(1) 線分 AB を 3 : 1 に外分する点 P

(2) 線分 AB を 1 : 7 に外分する点 Q

(3) 線分 AB を 2 : 5 に外分する点 R

 ➲教 p. 48〜52

2 平面上の点の座標と内分・外分

例49 点 P(−4, −1) を図に示すと右の図のようになり，点 P は**第 3 象限**の点である。

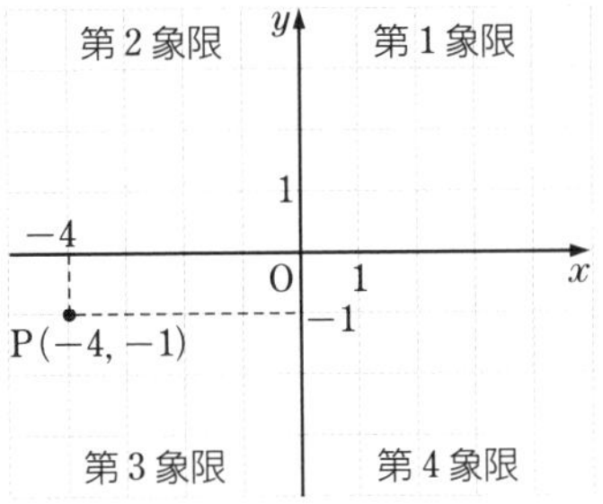

例50 2 点 A(3, 6), B(9, 4) 間の距離を求めてみよう。

$AB = \sqrt{(9-3)^2+(4-6)^2}$
$= \sqrt{36+4} = \sqrt{40} = \mathbf{2\sqrt{10}}$

平面上の 2 点間の距離

2 点 $A(x_1,\ y_1)$, $B(x_2,\ y_2)$ 間の距離は
$$\mathbf{AB = \sqrt{(x_2-x_1)^2+(y_2-y_1)^2}}$$
とくに，原点 O(0, 0) と点 P(x, y) 間の距離は
$$\mathbf{OP = \sqrt{x^2+y^2}}$$

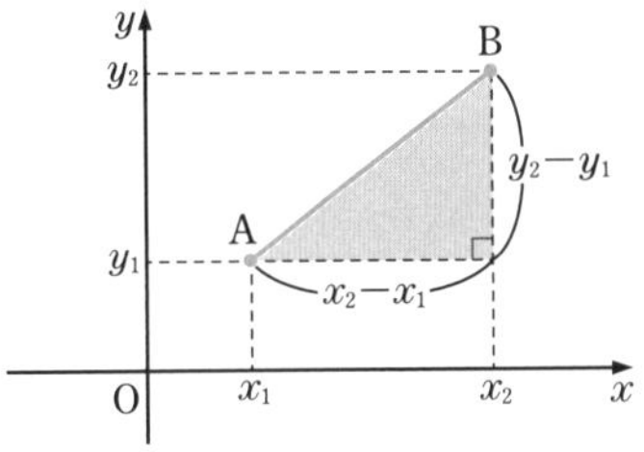

74 次の点を下の図に示し，それぞれ第何象限の点か答えなさい。➲教 p. 48 問 7

A(−5, −1), B(2, −3)
C(3, 2), D(−4, 3)

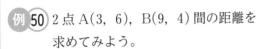

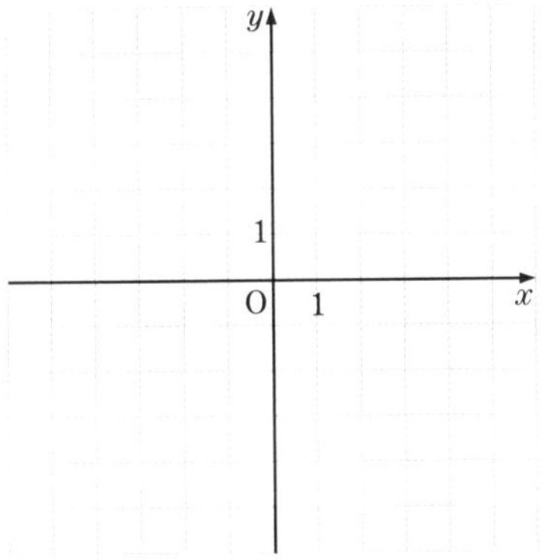

点 A は ［　　　　］ の点
点 B は ［　　　　］ の点
点 C は ［　　　　］ の点
点 D は ［　　　　］ の点

75 次の 2 点間の距離を求めなさい。
➲教 p. 49 問 8

(1) A(3, 5), B(1, 9)

(2) C(3, −1), D(−2, 4)

(3) E(−4, −3), F(0, −6)

(4) O(0, 0), P(−5, 2)

検

例 51 2点 A(0, 5), B(8, 3) から等しい距離にある x 軸上の点Pの座標を求めてみよう。

▶ 点Pは x 軸上にあるから，点Pの座標を $(x,\ 0)$ とすると

$\mathrm{AP}=\sqrt{(x-0)^2+(0-5)^2}=\sqrt{x^2+25}$

$\mathrm{BP}=\sqrt{(x-8)^2+(0-3)^2}=\sqrt{x^2-16x+73}$

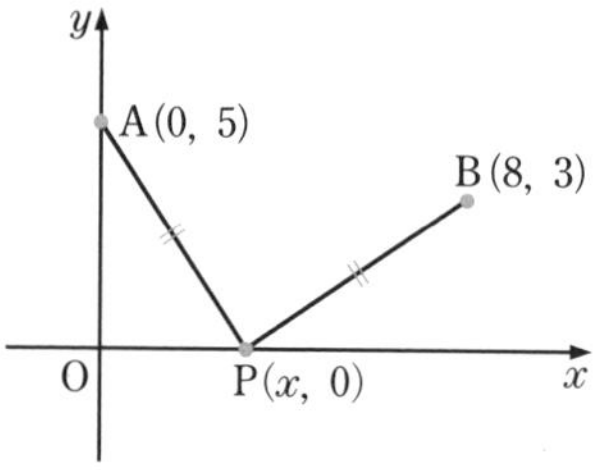

AP = BP だから　$\mathrm{AP}^2=\mathrm{BP}^2$

よって　$x^2+25=x^2-16x+73$

$16x=48$

$x=3$

したがって，点Pの座標は　**(3, 0)**

76 2点 A(0, 4), B(6, 2) から等しい距離にある x 軸上の点Pの座標を求めなさい。

➲教 p. 49　問 9

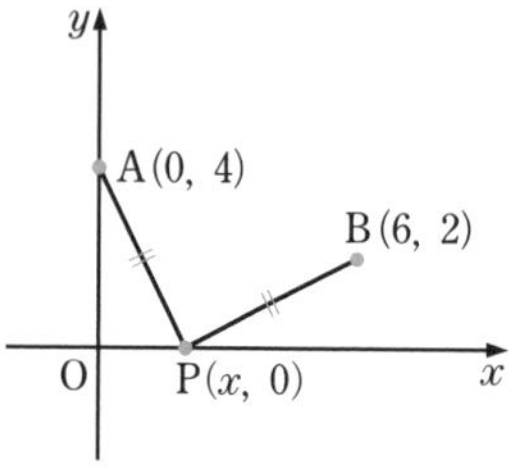

77 2点 A(4, 0), B(8, 6) から等しい距離にある y 軸上の点Pの座標を求めなさい。

➲教 p. 49　問 9

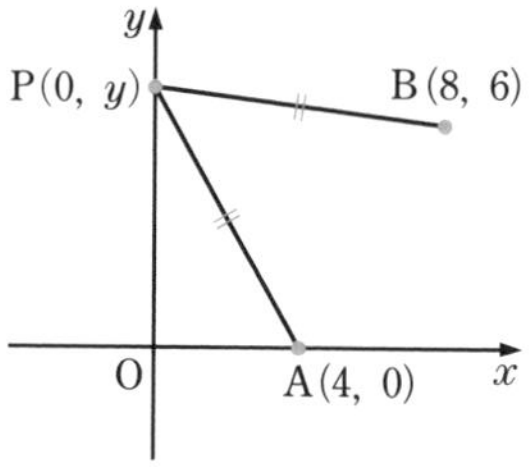

例 52 2点A(−1, 4), B(5, −2)のとき，次の点の座標を求めてみよう。

(1) 線分ABを1：2に内分する点Pの座標(x, y)

$$x=\frac{2\times(-1)+1\times5}{1+2}=\frac{3}{3}=1$$

$$y=\frac{2\times4+1\times(-2)}{1+2}=\frac{6}{3}=2$$

よって，点Pの座標は **(1, 2)**

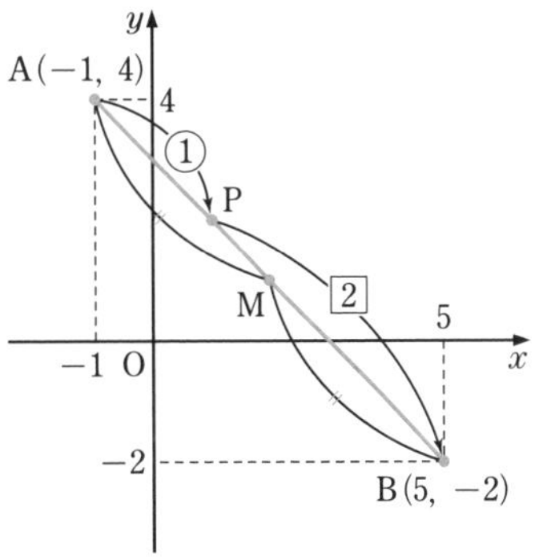

(2) 線分ABの中点Mの座標(x, y)

$$x=\frac{-1+5}{2}=2,\ y=\frac{4+(-2)}{2}=1$$

よって，点Mの座標は **(2, 1)**

平面上の内分点の座標

2点$A(x_1, y_1)$, $B(x_2, y_2)$を結ぶ線分ABを$m:n$に内分する点の座標は

$$\left(\frac{nx_1+mx_2}{m+n},\ \frac{ny_1+my_2}{m+n}\right)$$

とくに，中点の座標は

$$\left(\frac{x_1+x_2}{2},\ \frac{y_1+y_2}{2}\right)$$

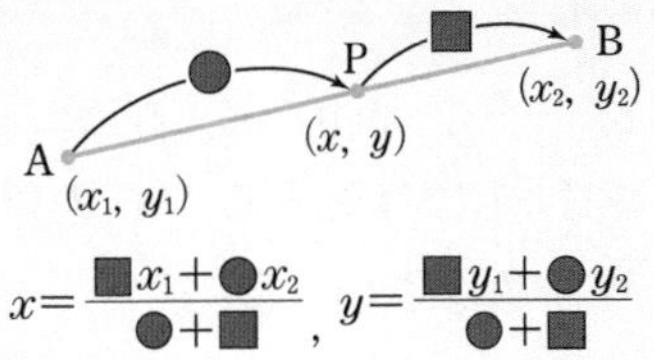

78 2点A(−2, 3), B(7, 6)のとき，線分ABを2：1に内分する点Pの座標(x, y)を求めなさい。➲教p. 51 問10

79 2点A(−4, 9), B(11, −1)のとき，線分ABを3：2に内分する点Pの座標(x, y)を求めなさい。

➲教p. 51 問10

検

例 53 2点A(3, −3), B(8, 2)のとき，
線分ABを1：2に外分する点Pの座標
$(x,\ y)$を求めてみよう。

▶ $$x=\frac{-2\times3+1\times8}{1-2}=\frac{2}{-1}=-2$$

$$y=\frac{-2\times(-3)+1\times2}{1-2}=\frac{8}{-1}=-8$$

よって，点Pの座標は **(−2, −8)**

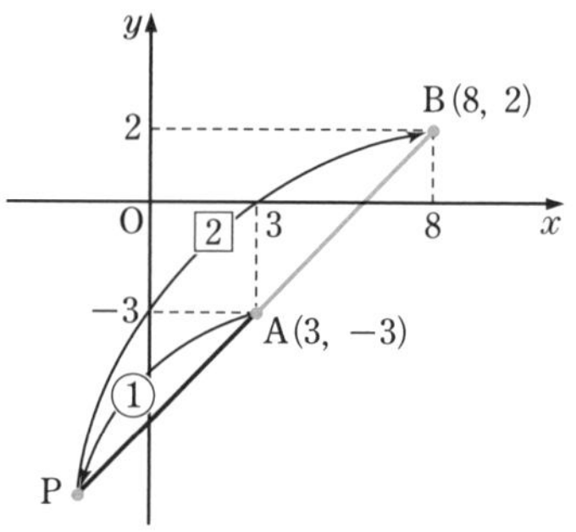

平面上の外分点の座標

2点$A(x_1,\ y_1)$, $B(x_2,\ y_2)$を結ぶ線分ABを$m:n$に外分する点の座標は

$$\left(\frac{-nx_1+mx_2}{m-n},\ \frac{-ny_1+my_2}{m-n}\right)$$

←内分の公式で n を $-n$ におきかえたものとなっている。

80 2点A(2, −3), B(6, 5)のとき，線分ABを3：1に外分する点Pの座標$(x,\ y)$を求めなさい。➲教p. 51　問11

81 2点A(6, −4), B(−2, 3)のとき，線分ABを2：3に外分する点Pの座標$(x,\ y)$を求めなさい。

➲教p. 51　問11

例54 3点 A(2, 5), B(−4, −2), C(5, −9) を頂点とする△ABC の重心 G の座標 $(x,\ y)$ を求めてみよう。

▶ $$x=\frac{2+(-4)+5}{3}=1$$

$$y=\frac{5+(-2)+(-9)}{3}=-2$$

よって，重心 G の座標は **(1, −2)**

△ABC の重心の座標

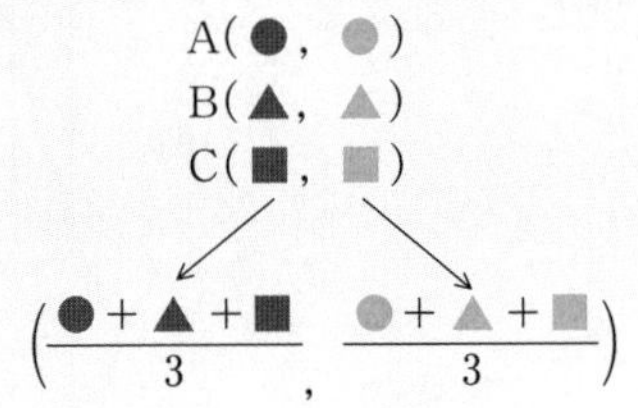

三角形の重心の座標

3点 $A(x_1,\ y_1)$, $B(x_2,\ y_2)$, $C(x_3,\ y_3)$ を頂点とする△ABC の重心 G の座標は

$$\left(\frac{x_1+x_2+x_3}{3},\ \frac{y_1+y_2+y_3}{3}\right)$$

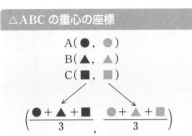

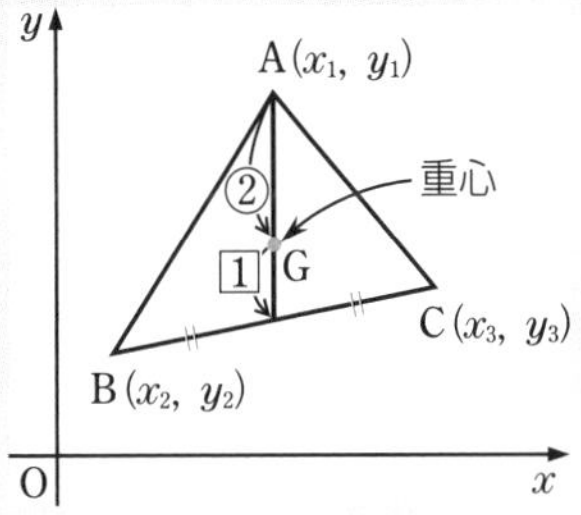

82 3点 A(5, 6), B(−2, 4), C(3, −1) を頂点とする △ABC の重心 G の座標 $(x,\ y)$ を求めなさい。

➲教p. 52　問 12

83 3点 A(2, −1), B(−3, −2), C(4, 3) を頂点とする △ABC の重心 G の座標 $(x,\ y)$ を求めなさい。

➲教p. 52　問 12

検

2節 直線の方程式

1 直線の方程式

➡教 p. 54〜57

例 55 方程式 $y = 3x - 6$ は，右の図のような傾き **3**，切片 $-$**6** の直線を表す。

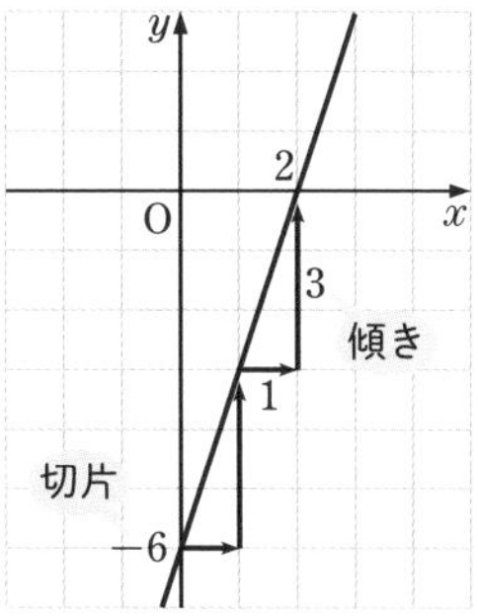

直線の方程式

方程式 $y = mx + n$ は，**傾き** $\boldsymbol{m}$，**切片** $\boldsymbol{n}$ の直線を表す。

例 56 点 A$(2,\ -4)$ を通り，傾きが -3 の直線の方程式を求めてみよう。

▶ $y - (-4) = -3(x - 2)$

整理すると　$\boldsymbol{y = -3x + 2}$

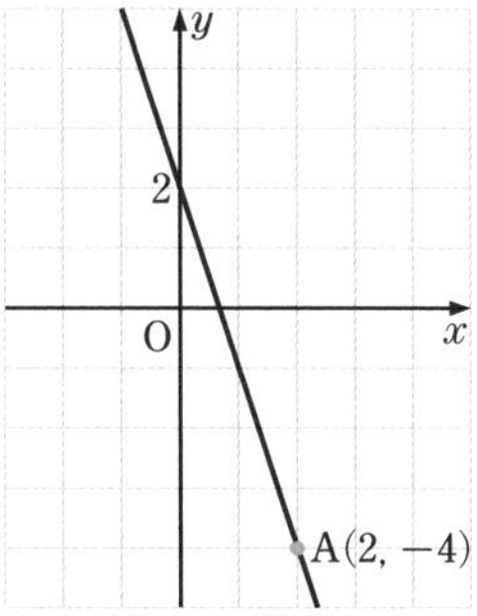

1 点を通り，傾きが m の直線

点 $(x_1,\ y_1)$ を通り，傾きが m の直線の方程式は

$$\boldsymbol{y - y_1 = m(x - x_1)}$$

84 次の方程式の表す直線を，下の図にかきなさい。 ➡教 p. 54　問 1

(1) $y = x - 3$

(2) $y = -2x + 4$

(3) $y = \dfrac{1}{4}x - 2$

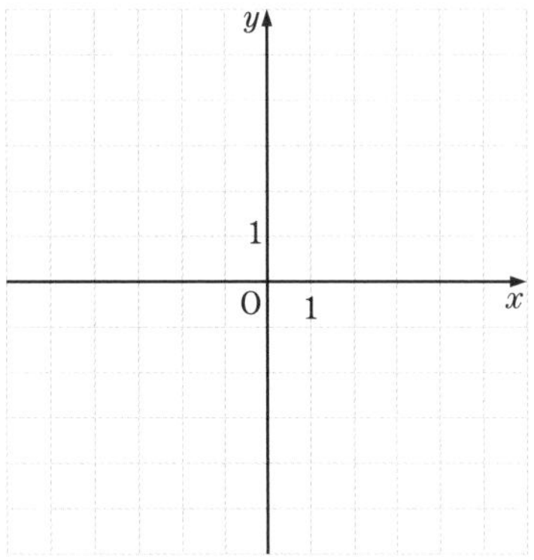

85 次の直線の方程式を求めなさい。 ➡教 p. 55　問 2

(1) 点 $(2,\ 3)$ を通り，傾きが 4 の直線

(2) 点 $(-1,\ 5)$ を通り，傾きが -3 の直線

(3) 点 $(4,\ -3)$ を通り，傾きが $\dfrac{3}{4}$ の直線

(4) 点 $(-2,\ 4)$ を通り，傾きが $-\dfrac{1}{2}$ の直線

例57 次の 2 点を通る直線の方程式を求めてみよう。

(1) (1, 3), (4, −3)　(2) (1, 5), (6, 5)

(3) (−3, 3), (−3, −5)

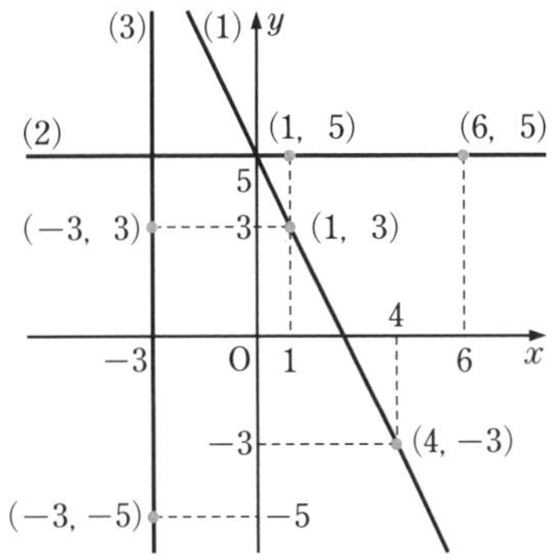

▶ (1) この直線の傾き m は

$$m=\frac{-3-3}{4-1}=\frac{-6}{3}=-2$$

よって，求める直線は

点 (1, 3) を通り，傾きが −2 だから

$$y-3=-2(x-1)$$

↑ 点 (4, −3) を通り，傾きが −2 としてもよい。

整理すると　$\boldsymbol{y=-2x+5}$

(2) この直線上のすべての点は y 座標が 5 であるから　$\boldsymbol{y=5}$

(3) この直線上のすべての点は x 座標が −3 であるから　$\boldsymbol{x=-3}$

2 点を通る直線

2 点 $(x_1,\ y_1)$, $(x_2,\ y_2)$ を通る直線の方程式は

傾き $\boldsymbol{m=\dfrac{y_2-y_1}{x_2-x_1}}$ を求めて

$$\boldsymbol{y-y_1=m(x-x_1)}$$

ただし $x_1 \neq x_2$

例58 1 次方程式 $3x-4y-12=0$ の表す直線の傾きと切片を求めてみよう。

▶ この式を変形すると $y=\dfrac{3}{4}x-3$ となるから，**傾きは $\dfrac{3}{4}$，切片は −3** である。

86 次の 2 点を通る直線の方程式を求めなさい。 ➲教p. 56 問3

(1) (2, 4), (−1, −5)

(2) (4, 2), (−3, 9)

87 次の 2 点を通る直線の方程式を求めなさい。 ➲教p. 57 問4

(1) (2, −6), (−5, −6)

(2) (7, 3), (7, −2)

88 次の方程式の表す直線を，下の図にかきなさい。 ➲教p. 57 問5

(1) $-x+2y-4=0$

(2) $2x-3y=12$

(3) $y+3=0$

(4) $x-4=0$

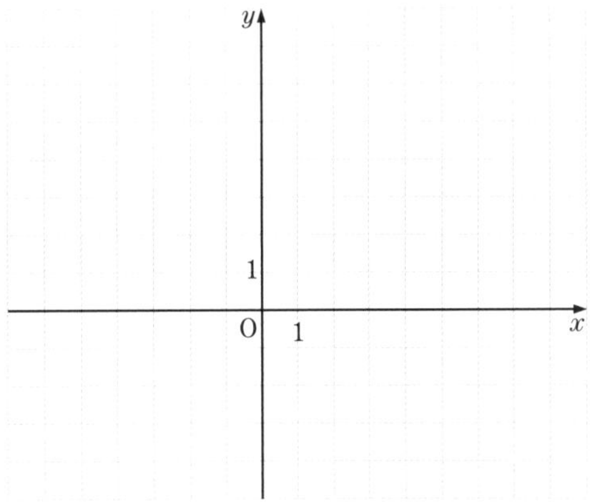

検

2 2直線の関係

➡教 p. 58~61

例59 2直線

$y = 2x - 3$ ------① $y = -x + 9$ ------②

の交点の座標を求めてみよう。

▶ 交点の座標は，①，②を連立方程式としたときの解として求められる。

①，②から y を消去して　$2x - 3 = -x + 9$

これを解いて　$x = 4$

これを①に代入して y の値を求めると

$y = 2 \times 4 - 3 = 5$

よって，交点の座標は　**(4, 5)**

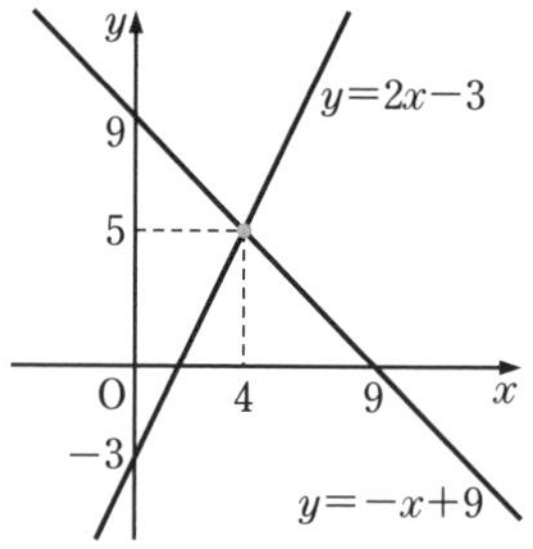

例60 点 (4, 3) を通り，直線 $y = 3x - 2$ に平行な直線の方程式を求めてみよう。

▶ 直線 $y = 3x - 2$ の傾きは3である。

よって，求める直線は

点 (4, 3) を通り，傾きが3だから

$y - 3 = 3(x - 4)$

整理すると　$\boldsymbol{y = 3x - 9}$

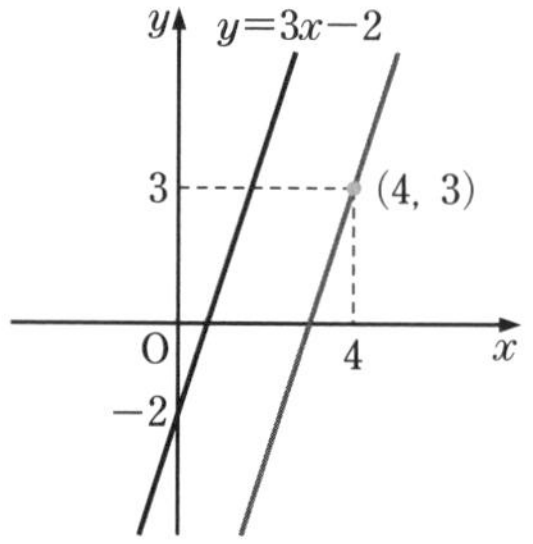

平行な2直線

2直線 $y = mx + n$,
$y = m'x + n'$ が平行のとき
$\boldsymbol{m = m'}$

89 次の2直線の交点の座標を求めなさい。 ➡教 p. 58 問6

(1) $y = -2x - 2$, $y = x + 4$

(2) $y = 2x - 3$, $-3x - y + 2 = 0$

(3) $x + y - 1 = 0$, $2x + 3y - 4 = 0$

90 次の直線のうち，平行なものはどれとどれか答えなさい。 ➡教 p. 59 問7

① $y = -x - 2$　② $y = \dfrac{1}{3}x - 1$

③ $x + y + 6 = 0$　④ $-x + 3y = 6$

91 点 (−1, 2) を通り，直線 $y = -3x + 1$ に平行な直線の方程式を求めなさい。 ➡教 p. 59 問8

検

例61 (1) 2 直線 $y=4x+3$, $y=-\frac{1}{4}x-2$ は垂直である。 ←傾きの積 $4\times\left(-\frac{1}{4}\right)=-1$

(2) 2 直線 $y=-\frac{3}{7}x-1$, $y=\frac{7}{3}x+4$ は垂直である。 ←傾きの積 $\left(-\frac{3}{7}\right)\times\frac{7}{3}=-1$

垂直な 2 直線

2 直線 $y=mx+n$, $y=m'x+n'$ が垂直のとき

$$\boldsymbol{m\times m'=-1}$$

例62 点 $(6,\ 4)$ を通り，直線 $y=3x-2$ に垂直な直線の方程式を求めてみよう。

直線 $y=3x-2$ に垂直な直線の傾き m は

$3\times m=-1$ より

$m=-\frac{1}{3}$

よって，求める直線は，点 $(6,\ 4)$ を通り，

傾きが $-\frac{1}{3}$ だから　$y-4=-\frac{1}{3}(x-6)$

整理すると　$\boldsymbol{y=-\frac{1}{3}x+6}$

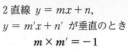

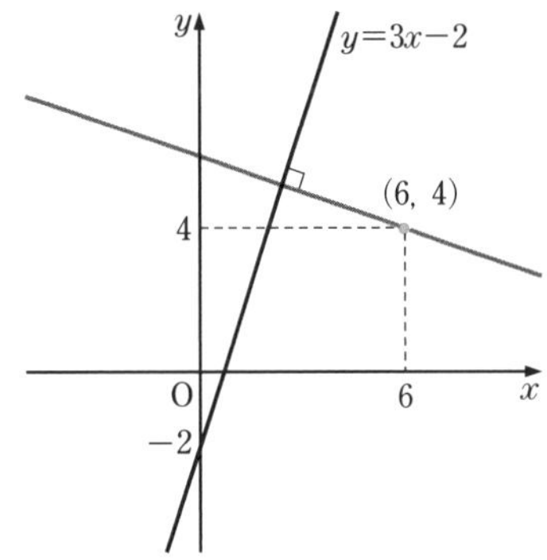

92 次のような m の値を求めなさい。

➲教p. 61　問 9

(1) 2 直線 $y=x+4$, $y=mx-2$ が垂直

(2) 2 直線 $y=\frac{5}{6}x-2$, $y=mx+3$ が垂直

(3) 2 直線 $y=mx+5$, $y=-\frac{5}{3}x-2$ が垂直

93 次の直線の方程式を求めなさい。

➲教p. 61　問 10

(1) 点 $(6,\ -1)$ を通り，直線 $y=3x-4$ に垂直な直線

(2) 点 $(-4,\ 3)$ を通り，直線 $y=-\frac{4}{5}x+2$ に垂直な直線

(3) 点 $(4,\ 3)$ を通り，直線 $2x+y-1=0$ に垂直な直線

検

チャレンジ　原点と直線の距離

➡教 p. 62

例 63 $y=3x+10$ で表される直線を l とするとき，原点 O と直線 l の距離を，次の順序で求めてみよう。

1. 原点を通り，直線 l に垂直な直線の方程式を求める。
2. 直線 l と，1で求めた直線の交点 H の座標を求める。
3. 原点 O と点 H 間の距離を求める。

▶ 1　直線 $y=3x+10$ に垂直な直線の傾き m は

$3\times m=-1$ より　$m=-\dfrac{1}{3}$

よって，求める直線は原点を通り，傾きが $-\dfrac{1}{3}$

したがって　$y=-\dfrac{1}{3}x$

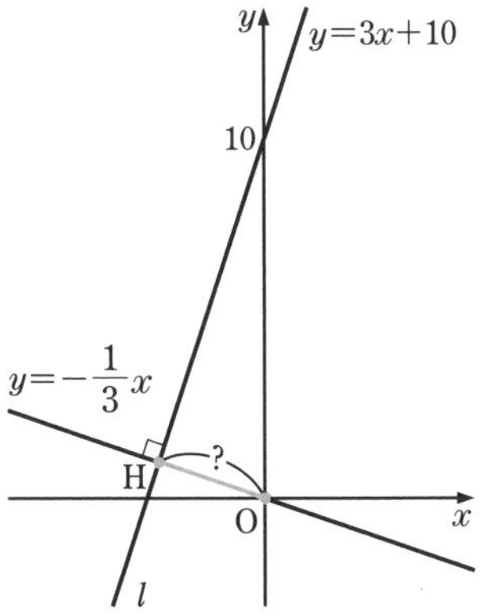

2　連立方程式

$$\begin{cases} y=3x+10 \\ y=-\dfrac{1}{3}x \end{cases}$$

を解いて　$x=-3,\ y=1$

よって，点 H の座標は　$(-3,\ 1)$

3　原点 O と点 H$(-3,\ 1)$ 間の距離は

$\mathrm{OH}=\sqrt{(-3)^2+1^2}=\sqrt{9+1}=\boldsymbol{\sqrt{10}}$

94 原点 O と直線 $y=\dfrac{1}{2}x+5$ の距離を求めなさい。　➡教 p. 62　問 11

3節　円の方程式

1　円の方程式

➲教p. 64~67

例64 中心が点（2，−3），半径 4 の円の方程式を求めてみよう。

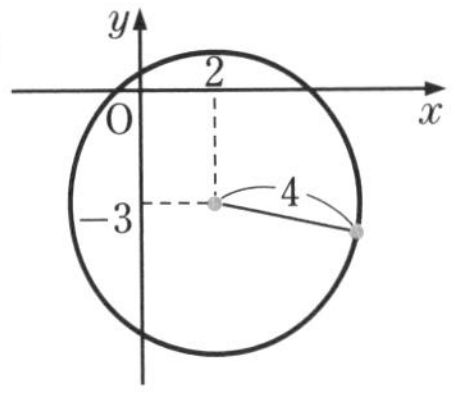

$(x-2)^2+\{y-(-3)\}^2=4^2$

よって

$$\boldsymbol{(x-2)^2+(y+3)^2=16}$$

例65 方程式 $(x+2)^2+(y-4)^2=9$ が表す円の中心の座標と半径を求めてみよう。

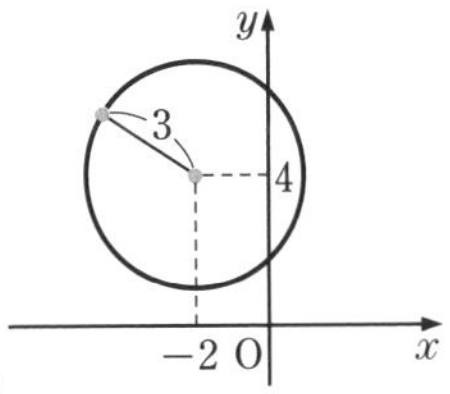

$\{x-(-2)\}^2+(y-4)^2=3^2$

と変形できる。

よって，**中心の座標（−2，4），半径 3**

円の方程式

点 $(a,\ b)$ を中心とする半径 r の円の方程式は

$$\boldsymbol{(x-a)^2+(y-b)^2=r^2}$$

とくに，原点を中心とする半径 r の円の方程式は

$$\boldsymbol{x^2+y^2=r^2}$$

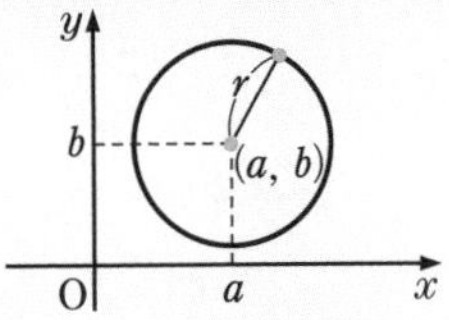

95 次の円の方程式を求めなさい。

➲教p. 65　問 1

(1)　中心が点（5，−3），半径 2 の円

(2)　中心が点（−3，−1），半径 4 の円

(3)　中心が点（−4，2），半径 $\sqrt{3}$ の円

(4)　原点を中心とする半径 $\sqrt{6}$ の円

96 次の方程式が表す円の中心の座標と半径を求めなさい。

➲教p. 65　問 2

(1)　$(x-5)^2+(y-4)^2=9$

(2)　$(x+3)^2+(y+1)^2=5$

(3)　$x^2+(y-3)^2=36$

(4)　$x^2+y^2=15$

検

例 66 点 (5, 3) を中心として，x 軸に接する円の方程式を求めてみよう。

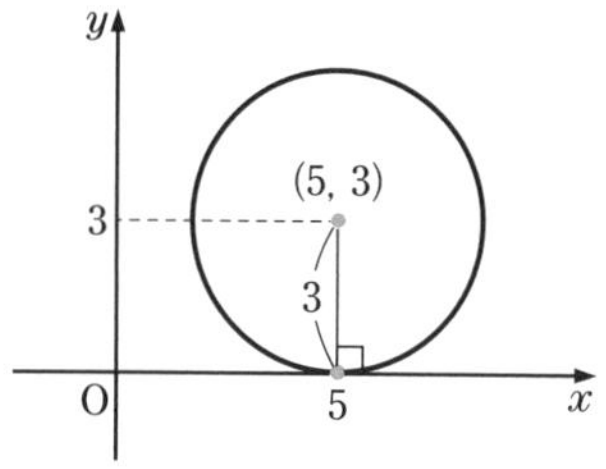

▶ 右の図から，この円の半径は 3 である。

よって　$(x-5)^2+(y-3)^2=9$

例 67 2 点 A(7, 5)，B(1, −3) を直径の両端とする円の方程式を求めてみよう。

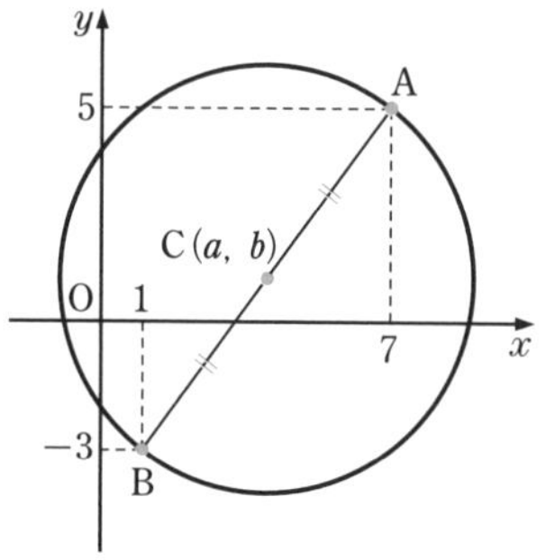

▶ 円の中心を C(a, b) とすると，点 C は線分 AB の中点だから

$$a=\frac{7+1}{2}=\frac{8}{2}=4,\ b=\frac{5+(-3)}{2}=\frac{2}{2}=1$$

となり，C(4, 1) である。また，半径は

$$CA=\sqrt{(7-4)^2+(5-1)^2}=5$$ ←CB を求めてもよい。

よって，求める円の方程式は

$$(x-4)^2+(y-1)^2=25$$ ←$5^2=25$

97 次の円の方程式を求めなさい。

➲教p. 66　問 3

(1) 点 (4, 5) を中心として，x 軸に接する円

(2) 点 (−2, 3) を中心として，x 軸に接する円

(3) 点 (−4, −2) を中心として，y 軸に接する円

98 次の 2 点 A，B を直径の両端とする円の方程式を求めなさい。➲教p. 66　問 4

(1) A(4, 7)，B(−2, −1)

(2) A(0, 2)，B(6, −4)

(3) A(2, 4)，B(−6, 8)

例 68 方程式 $x^2+y^2+8x-4y-5=0$ が表す円の中心の座標と半径を求めてみよう。

与えられた方程式を変形すると

$$(x^2+8x)+(y^2-4y)-5=0$$
$$(x^2+8x+16)-16+(y^2-4y+4)-4-5=0$$
$$(x+4)^2+(y-2)^2=16+4+5$$
$$(x+4)^2+(y-2)^2=25$$

よって

中心の座標 $(-4,\ 2)$，半径 5

円の方程式の変形

x^2+8x

$=x^2+8x+4^2-4^2$

(x の係数の半分)^2 をたして，ひく。

99 次の方程式が表す円の中心の座標と半径を求めなさい。 ➲教p. 67 問5

(1) $x^2+y^2-6x+4y+9=0$

(2) $x^2+y^2-4x+8y+11=0$

(3) $x^2+y^2+2x-6y+9=0$

(4) $x^2+y^2-8x+2y+1=0$

100 次の方程式が表す円の中心の座標と半径を求めなさい。 ➲教p. 67 問5

(1) $x^2+y^2-6x+8y=0$

(2) $x^2+y^2+10x+9=0$

(3) $x^2+y^2-12x=0$

(4) $x^2+y^2-8y+7=0$

検

2 円と直線の関係

➡教 p. 68, 69

例 69 円 $x^2+y^2=2$ と，次の直線の共有点の座標を求めてみよう。

(1) $y=-x$

▶ 連立方程式 $\begin{cases} x^2+y^2=2 & \text{------①} \\ y=-x & \text{------②} \end{cases}$

において，②を①に代入して整理すると $x^2=1$ から $x=\pm 1$

これを②に代入して

$x=1$ のとき $y=-1$

$x=-1$ のとき $y=1$ よって，

共有点の座標は **(1, −1), (−1, 1)**

(2) $y=-x+2$

連立方程式 $\begin{cases} x^2+y^2=2 & \text{------③} \\ y=-x+2 & \text{------④} \end{cases}$

において，④を③に代入して整理すると

$x^2-2x+1=0$

$(x-1)^2=0$

$x=1$

これを④に代入して $y=1$

よって，共有点の座標は **(1, 1)**

例 70 次の円と直線の共有点の個数を調べてみよう。

$\begin{cases} x^2+y^2=2 & \text{------①} \\ y=-x+4 & \text{------②} \end{cases}$

▶ ②を①に代入して整理すると

$x^2-4x+7=0$

この2次方程式の判別式を D とすると

$D=(-4)^2-4\times1\times7=-12<0$

よって，この円と直線の共有点は **ない**。(0個)

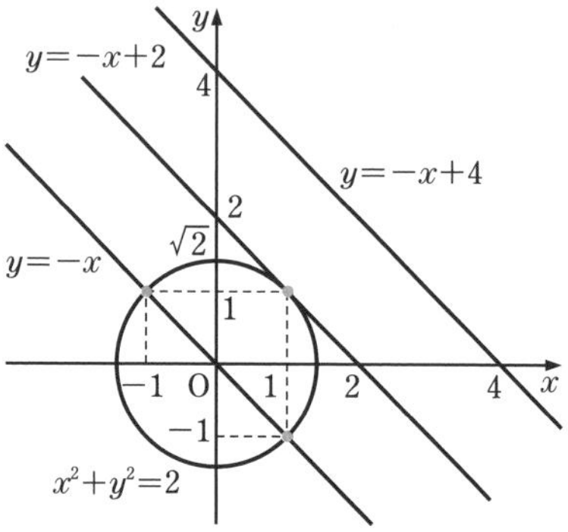

101 次の円と直線の共有点の座標を求めなさい。 ➡教 p. 68 問6

(1) $x^2+y^2=13,\ y=x-1$

(2) $x^2+y^2=10,\ y=3x+10$

102 次の円と直線の共有点の個数を調べなさい。 ➡教 p. 69 問7

(1) $x^2+y^2=5,\ y=x+3$

(2) $x^2+y^2=12,\ y=-x+6$

3 軌跡

➡教 p. 70

例 71 原点 O と点 A(5, 0) に対して PO：PA ＝ 3：2 となる点 P の軌跡を求めてみよう。

▶ 点 P の座標を $(x,\ y)$ とすると

$\mathrm{PO}=\sqrt{x^2+y^2}$,　$\mathrm{PA}=\sqrt{(x-5)^2+y^2}$

PO：PA ＝ 3：2 だから

$3\mathrm{PA}=2\mathrm{PO}$

両辺を 2 乗すると　$9\mathrm{PA}^2=4\mathrm{PO}^2$

よって

$9\{(x-5)^2+y^2\}=4(x^2+y^2)$

整理すると

$x^2+y^2-18x+45=0$

変形して

$(x-9)^2+y^2=36$

したがって，求める軌跡は　**中心の座標 (9, 0)，半径 6 の円**

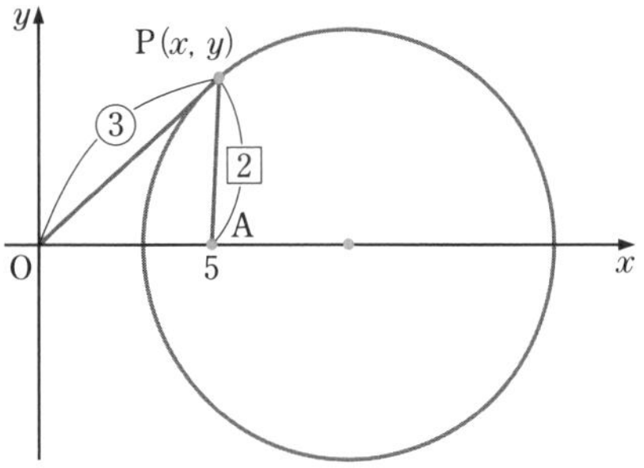

103 上の例 71 で，PO：PA ＝ 2：3 となる点 P の軌跡を求めなさい。

➡教 p. 70　問 8

104 2 点 A(0, 2)，B(4, 0) から等距離にある点 P の軌跡を求めなさい。

➡教 p. 70　問 8

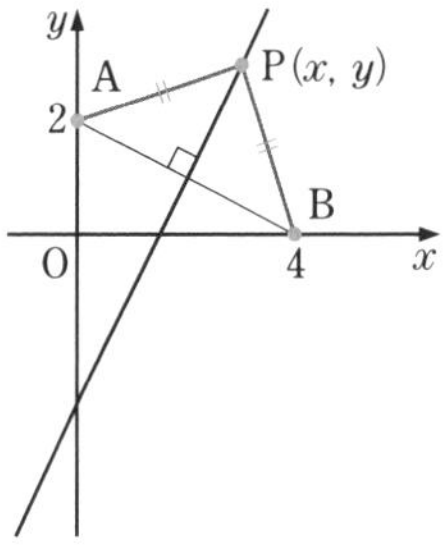

検

1 円で分けられる領域

➡教p. 72, 73

例 72 次の不等式の表す領域を図示してみよう。

(1) $x^2+y^2 \geqq 36$

▶ 不等式の表す領域は原点を中心とする半径6の円の**外部**で，下の図の斜線部分である。
ただし，境界線を含む。

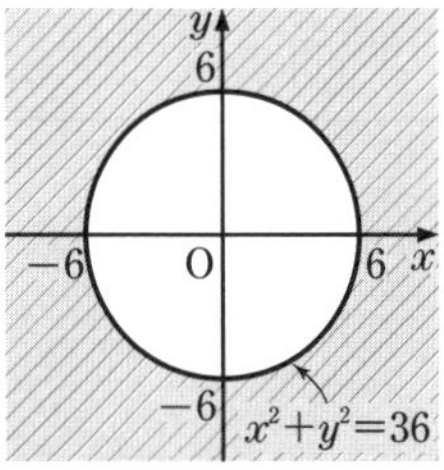

(2) $(x-3)^2+(y+1)^2<16$

▶ 不等式の表す領域は点 $(3,\ -1)$ を中心とする半径4の円の**内部**で，下の図の斜線部分である。
ただし，境界線を含まない。

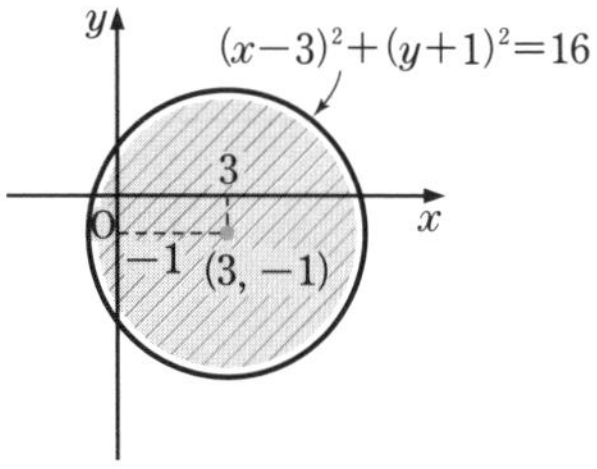

円で分けられる領域

$x^2+y^2<r^2$ の表す領域は
円 $x^2+y^2=r^2$ の
内部
境界線を含まない。

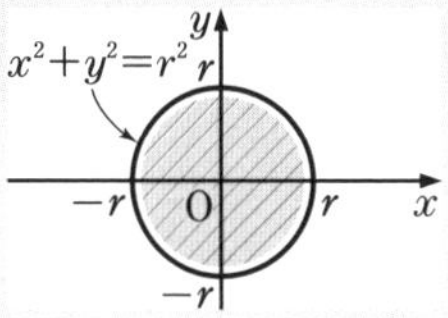

$x^2+y^2>r^2$ の表す領域は
円 $x^2+y^2=r^2$ の
外部
境界線を含まない。

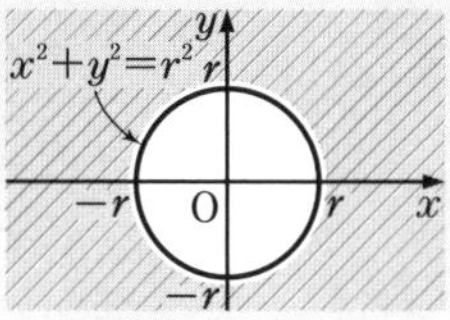

105 次の不等式の表す領域を図示し，[　　]にあてはまることばを入れなさい。

➡教p. 73 問2

(1) $x^2+y^2 \geqq 4$

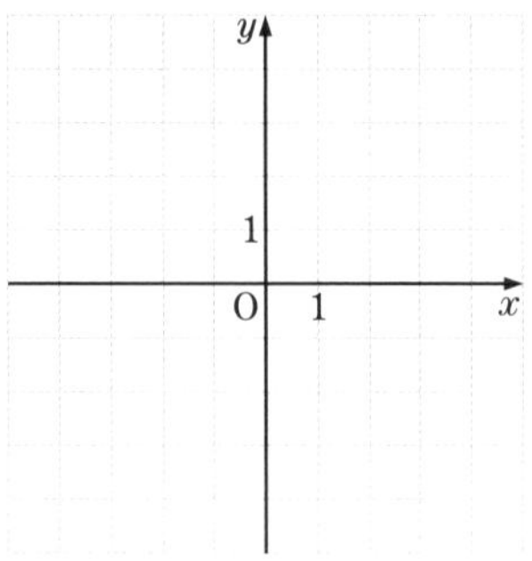

ただし，境界線を[　　　　]。

(2) $(x+4)^2+(y+2)^2<9$

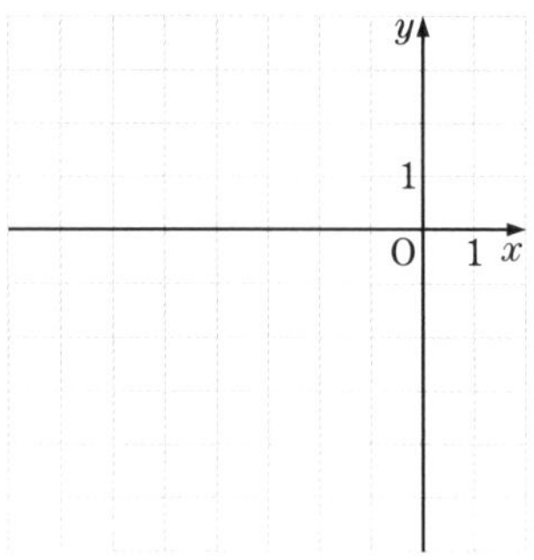

ただし，境界線を[　　　　]。

2 直線で分けられる領域

➡教p. 74, 75

例73 不等式 $y > 3x - 2$ の表す領域を図示してみよう。

求める領域は，直線 $y = 3x - 2$ の**上側**で，
右の図の斜線部分である。
ただし，境界線を含まない。

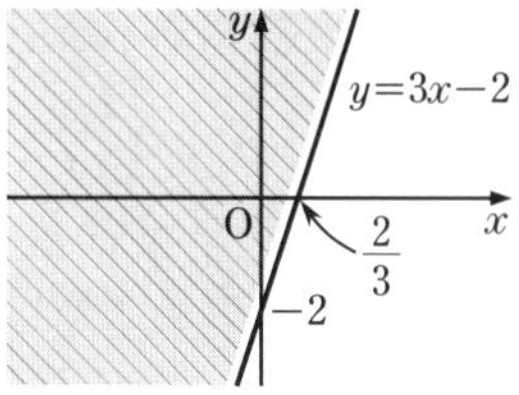

例74 不等式 $2x + y - 3 \leqq 0$ の表す領域を図示してみよう。

不等式 $2x + y - 3 \leqq 0$ を変形すると

$$y \leqq -2x + 3$$

よって，求める領域は，直線 $y = -2x + 3$ の**下側**で，
右の図の斜線部分である。ただし，境界線を含む。

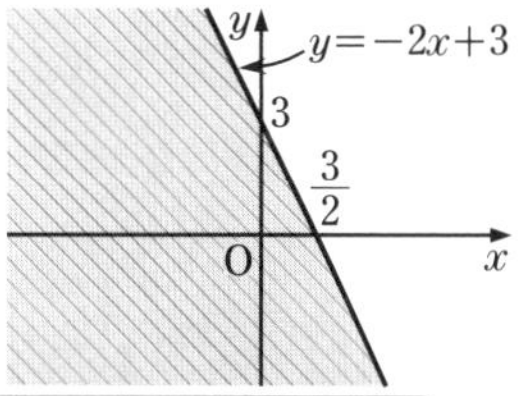

直線で分けられる領域

$y > mx + n$ の表す領域は
直線 $y = mx + n$ の
上側
境界線を含まない。

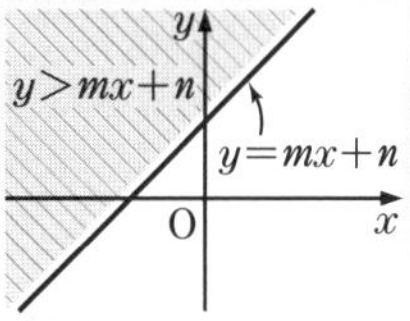

$y < mx + n$ の表す領域は
直線 $y = mx + n$ の
下側
境界線を含まない。

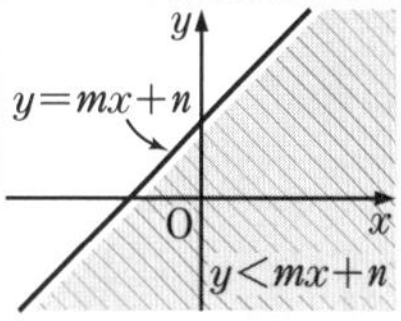

106 次の不等式の表す領域を図示し，□にあてはまることばを入れなさい。

➡教p. 75　問 3

(1) $y \geqq -x - 3$

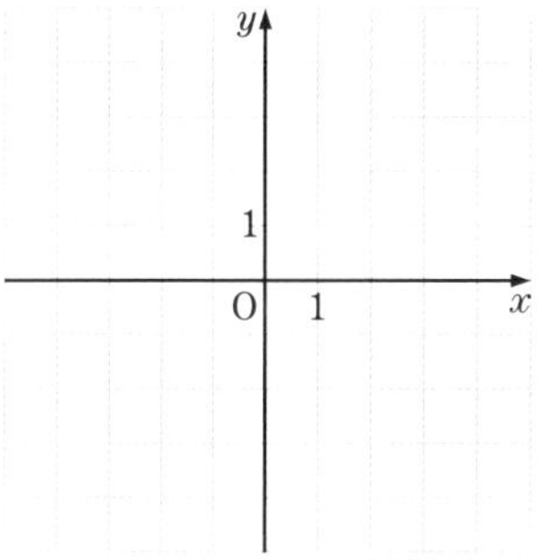

ただし，境界線を□。

(2) $y < 2x - 4$

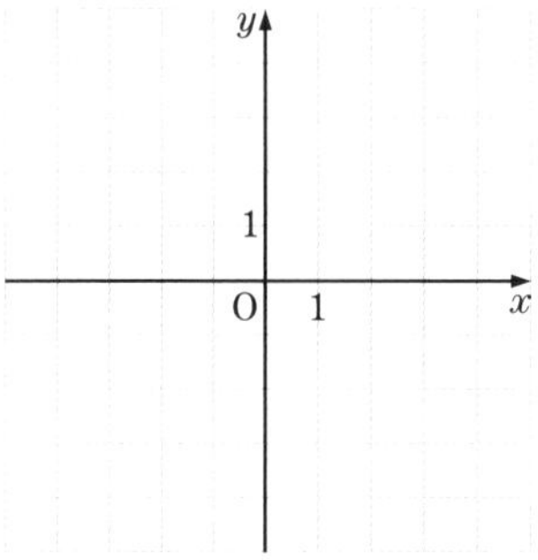

ただし，境界線を□。

107 次の不等式の表す領域を図示し，□にあてはまることばを入れなさい。

➡教p. 75　問 4

(1) $3x - y + 1 > 0$

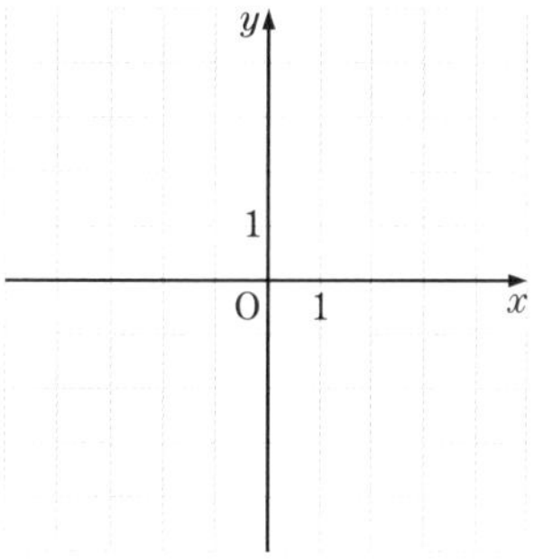

ただし，境界線を□。

(2) $-2x - y - 2 \geqq 0$

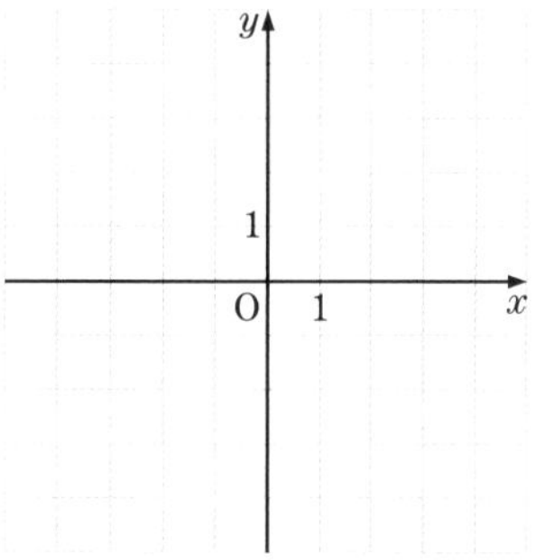

ただし，境界線を□。

検

3 連立不等式の表す領域

➡教p. 76, 77

例 75 次の連立不等式の表す領域を図示してみよう。

$$\begin{cases} x^2+y^2<16 & \text{------①} \\ y<x-2 & \text{------②} \end{cases}$$

▶ ①の表す領域は

円 $x^2+y^2=16$ の内部

②の表す領域は

直線 $y=x-2$ の下側

よって，この 2 つの共通部分が連立不等式の表す領域であり，右の図の斜線部分である。

ただし，境界線を含まない。

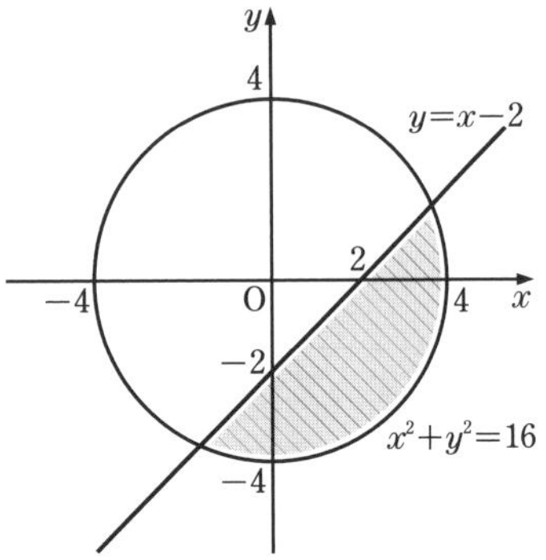

108 次の連立不等式の表す領域を図示し，[　　] にあてはまることばを入れなさい。

➡教p. 77　問 5

(1) $\begin{cases} y>x+4 & \text{------①} \\ y<-\dfrac{1}{2}x+1 & \text{------②} \end{cases}$

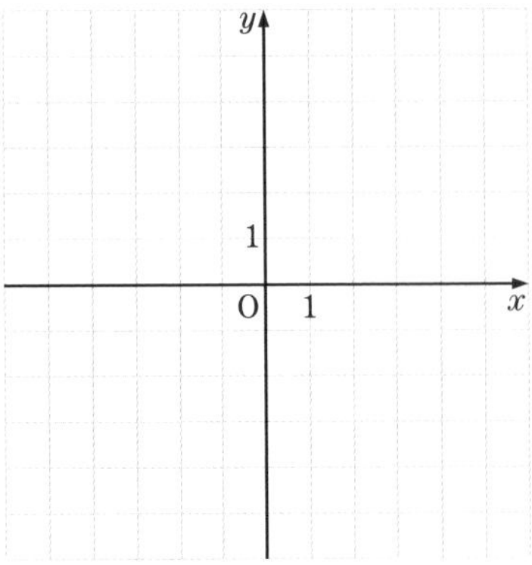

ただし，境界線を [　　　　]。

(2) $\begin{cases} x^2+y^2 \geqq 9 & \text{------①} \\ y \leqq -x & \text{------②} \end{cases}$

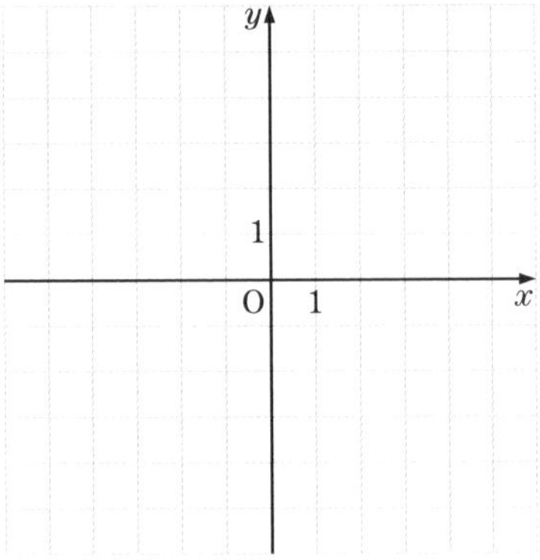

ただし，境界線を [　　　　]。

演習問題 up

3点を通る円

例題 3 3点O(0, 0), A(2, 4), B(−1, 3)を通る円の方程式を求めなさい。

解答 求める円の方程式を $x^2+y^2+lx+my+n=0$ とおく。

この円は点O(0, 0)を通るから $0^2+0^2+l\times0+m\times0+n=0$

点A(2, 4)を通るから $2^2+4^2+l\times2+m\times4+n=0$

点B(−1, 3)を通るから $(-1)^2+3^2+l\times(-1)+m\times3+n=0$

これらを整理すると

$$\begin{cases} n=0 & \text{------①} \\ 2l+4m+n=-20 & \text{------②} \\ l-3m-n=10 & \text{------③} \end{cases}$$

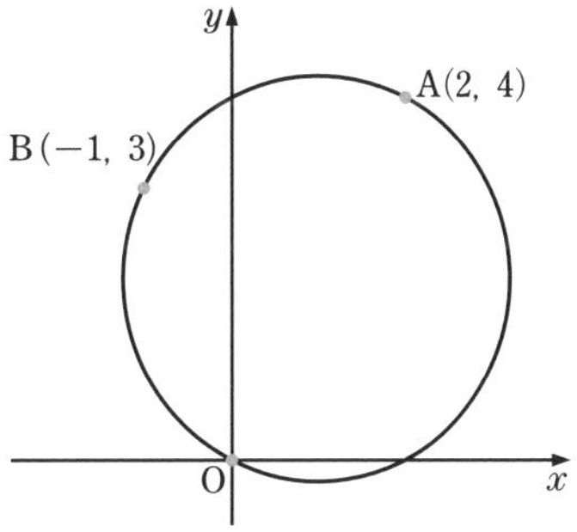

①を②, ③に代入して整理すると

$$\begin{cases} l+2m=-10 \\ l-3m=10 \end{cases}$$

この連立方程式を解くと

$l=-2,\ m=-4$

よって, 求める円の方程式は

$\boldsymbol{x^2+y^2-2x-4y=0}$ 答

←この方程式を変形すると $(x-1)^2+(y-2)^2=5$ となるので中心(1, 2), 半径 $\sqrt{5}$ の円である。

109 3点O(0, 0), A(5, −1), B(4, −6)を通る円の方程式を求めなさい。

3章 いろいろな関数

1節 三角関数

1 一般角

➲教 p. 82, 83

例76 225°, 420°, $-90°$ の動径 OP を図示してみよう。

▶

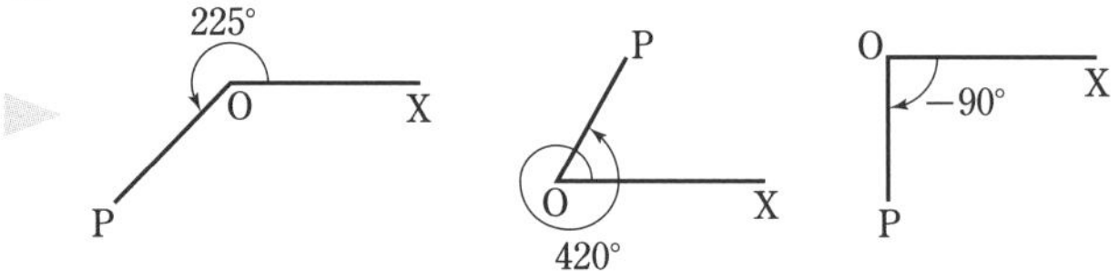

角の拡張

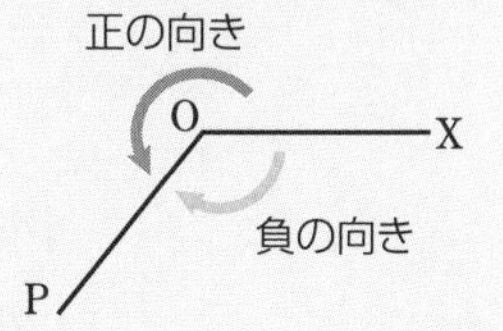

例77 次の角について □ にあてはまる数を入れ，$\theta + 360° \times n$ の形で表してみよう。
ただし，$0° \leqq \theta < 360°$ とする。

(1) $780° =$ □ $° + 360° \times$ □

(2) $-850° =$ □ $° + 360° \times (-$ □ $)$

▶ (1) $780° = \mathbf{60°} + 360° \times \mathbf{2}$

(2) $-850° = \mathbf{230°} + 360° \times (-\mathbf{3})$

動径 OP の表す一般角

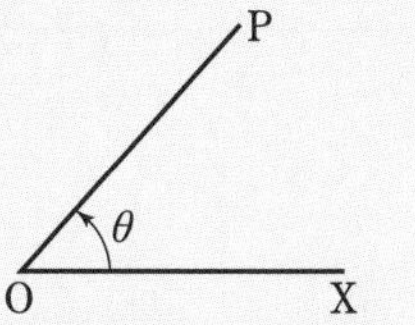

$\boldsymbol{\theta + 360° \times n}$（$n$ は整数）

110 次の角の動径 OP を図示しなさい。

➲教 p. 83　問 1

(1) 315°

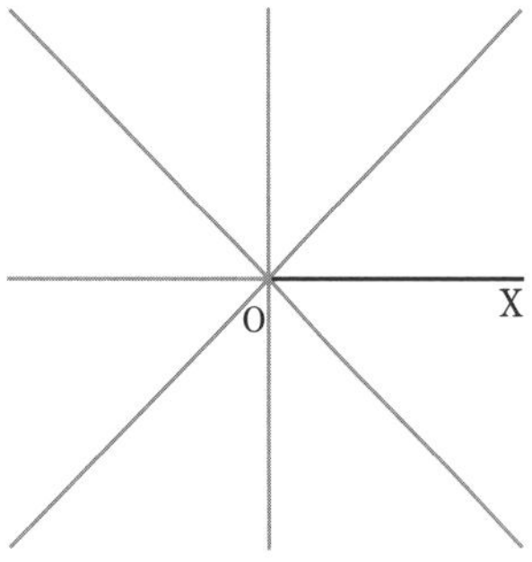

(2) $-210°$

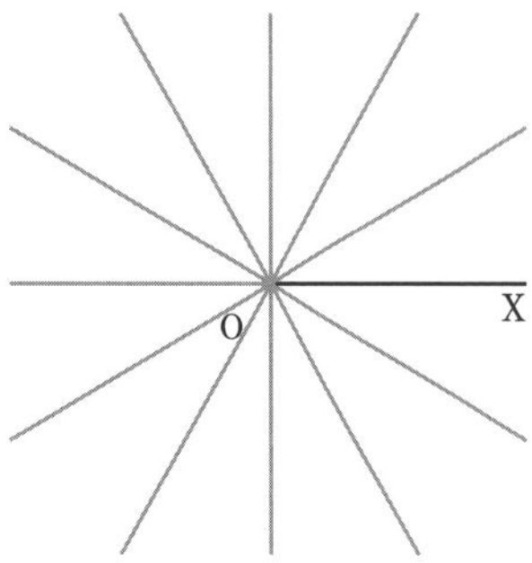

111 次の角について □ にあてはまる数を入れ，$\theta + 360° \times n$ の形で表しなさい。ただし，$0° \leqq \theta < 360°$ とする。

➲教 p. 83　問 2

(1) $690° =$ □ $° + 360° \times$ □

(2) $1240° =$ □ $° + 360° \times$ □

(3) $-700° =$ □ $° + 360° \times (-$ □ $)$

2 三角関数

➡教p. 84, 85

例78 $\theta = 300^\circ$ について，$\sin\theta$，$\cos\theta$，$\tan\theta$ の値を求めてみよう。

▶ 300° を表す動径上に $\mathrm{OP} = 2$ の点 P をとれば

$\mathrm{P}(1,\ -\sqrt{3})$ だから

$\sin 300^\circ = \dfrac{-\sqrt{3}}{2} = -\dfrac{\sqrt{3}}{2}$

$\cos 300^\circ = \dfrac{1}{2}$

$\tan 300^\circ = \dfrac{-\sqrt{3}}{1} = -\sqrt{3}$

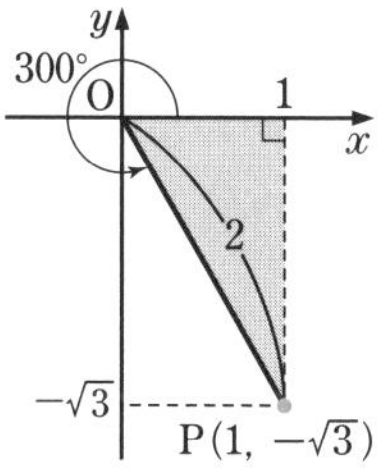

θの三角関数

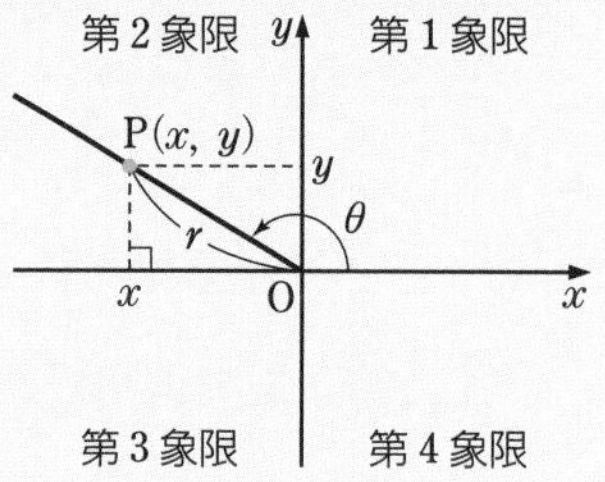

$\sin\theta = \dfrac{y}{r}$，$\cos\theta = \dfrac{x}{r}$，$\tan\theta = \dfrac{y}{x}$

例79 300° は，**第4象限の角** であり，

-300° は，**第1象限の角** である。

112 次の角 θ について，$\sin\theta$，$\cos\theta$，$\tan\theta$ の値を求めなさい。

➡教p. 85 問3

(1) $\theta = 330^\circ$

(2) $\theta = -135^\circ$

113 次の角は第何象限の角か答えなさい。

➡教p. 85 問4

(1) 215°

(2) 430°

(3) -190°

(4) -380°

3 三角関数の相互関係

➲教p. 86, 87

例80 θ が第 4 象限の角で，$\sin\theta=-\dfrac{2}{3}$ のとき，$\cos\theta$ と $\tan\theta$ の値を求めてみよう。

▶ $\sin\theta=-\dfrac{2}{3}$ を $\sin^2\theta+\cos^2\theta=1$ に代入すると

$$\left(-\frac{2}{3}\right)^2+\cos^2\theta=1$$

よって　$\cos^2\theta=1-\left(-\dfrac{2}{3}\right)^2=\dfrac{5}{9}$

θ は第 4 象限の角だから　$\cos\theta>0$

したがって　$\cos\theta=\sqrt{\dfrac{5}{9}}=\boldsymbol{\dfrac{\sqrt{5}}{3}}$

また　$\tan\theta=\dfrac{\sin\theta}{\cos\theta}=-\dfrac{2}{3}\div\dfrac{\sqrt{5}}{3}$

$$=-\frac{2}{3}\times\frac{3}{\sqrt{5}}=-\boldsymbol{\frac{2}{\sqrt{5}}}$$

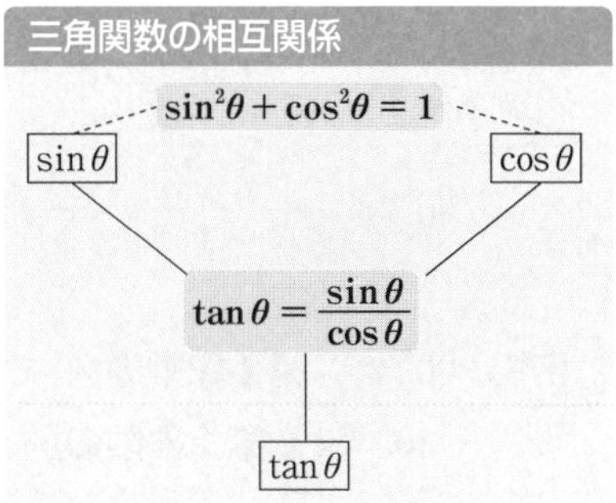

←図を利用しても解ける。
教87ページ参照

114 θ が第 4 象限の角で，$\sin\theta=-\dfrac{1}{4}$ のとき，$\cos\theta$ と $\tan\theta$ の値を求めなさい。 ➲教p. 87　問 5

115 θ が第 3 象限の角で，$\cos\theta=-\dfrac{3}{5}$ のとき，$\sin\theta$ と $\tan\theta$ の値を求めなさい。 ➲教p. 87　問 5

4 三角関数の性質

➡教p. 88, 89

例 81 次の三角関数の値を求めてみよう。

(1) $\sin 390^\circ = \sin(30^\circ + 360^\circ) = \sin 30^\circ = \mathbf{\dfrac{1}{2}}$

(2) $\cos 420^\circ = \cos(60^\circ + 360^\circ) = \cos 60^\circ = \mathbf{\dfrac{1}{2}}$

例 82 三角関数の表を用いて，次の値を求めてみよう。

(1) $\sin(-75^\circ) = -\sin 75^\circ$
$= \mathbf{-0.9659}$

(2) $\cos(-25^\circ) = \cos 25^\circ$
$= \mathbf{0.9063}$

例 83 三角関数の表を用いて，次の値を求めてみよう。

$\tan 230^\circ = \tan(50^\circ + 180^\circ)$
$= \tan 50^\circ = \mathbf{1.1918}$

$\theta + 360^\circ$ の三角関数

1. $\sin(\theta + 360^\circ) = \sin\theta$
2. $\cos(\theta + 360^\circ) = \cos\theta$
3. $\tan(\theta + 360^\circ) = \tan\theta$

$-\theta$ の三角関数

1. $\sin(-\theta) = -\sin\theta$
2. $\cos(-\theta) = \cos\theta$
3. $\tan(-\theta) = -\tan\theta$

$\theta + 180^\circ$ の三角関数

1. $\sin(\theta + 180^\circ) = -\sin\theta$
2. $\cos(\theta + 180^\circ) = -\cos\theta$
3. $\tan(\theta + 180^\circ) = \tan\theta$

116 次の三角関数の値を求めなさい。 ➡教p. 88 問 6

(1) $\sin 510^\circ$

(2) $\cos 450^\circ$

117 三角関数の表を用いて，次の値を求めなさい。 ➡教p. 89 問 7

(1) $\sin(-27^\circ)$

(2) $\tan(-85^\circ)$

118 三角関数の表を用いて，次の値を求めなさい。 ➡教p. 89 問 8

(1) $\sin 195^\circ$

(2) $\cos 220^\circ$

(3) $\tan 245^\circ$

検

 ➡教 p. 90〜94

例 84 $y=\sin\theta$ ---① のグラフをもとに次のグラフをかいてみよう。

(1) $y=\dfrac{3}{2}\sin\theta$　　(2) $y=\sin 3\theta$

$y=\sin\theta$
1 360° を周期とする**周期関数**
2 y の値の範囲は
$-1 \leqq y \leqq 1$

▶ (1) ①のグラフを y 軸方向に $\dfrac{3}{2}$ 倍したものである。

(2) θ のいろいろな値に対する y の値は，右の表のようになるので，①のグラフを θ 軸方向に $\dfrac{1}{3}$ 倍したものである。

θ	0°	30°	60°	90°	120°	150°	180°	…
$\sin\theta$	0	$\frac{1}{2}$	$\frac{\sqrt{3}}{2}$	1	$\frac{\sqrt{3}}{2}$	$\frac{1}{2}$	0	…
$\sin 3\theta$	0	1	0	−1	0	1	0	…

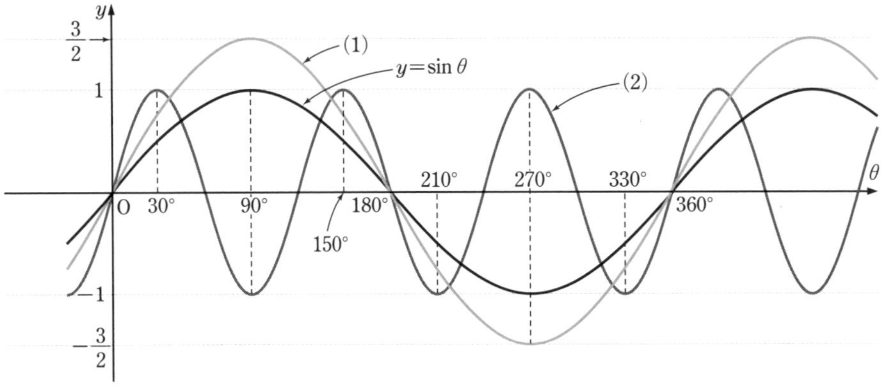

119 $y=\dfrac{4}{3}\sin\theta$ のグラフをかきなさい。 ➡教 p. 91　問 9

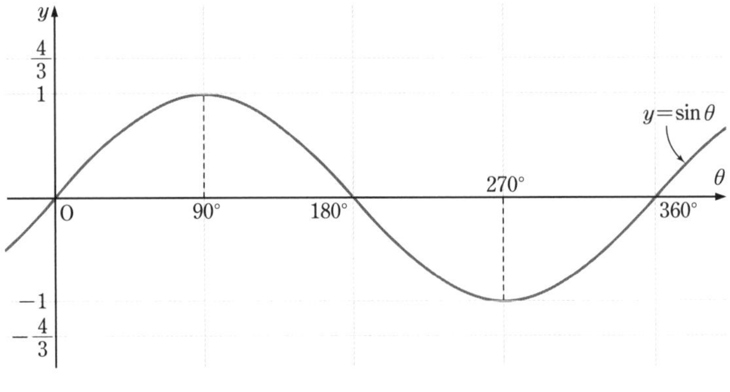

120 $0° \leqq \theta \leqq 360°$ の範囲で，$y=\sin\dfrac{\theta}{3}$ のグラフをかきなさい。 ➡教 p. 91　問 10

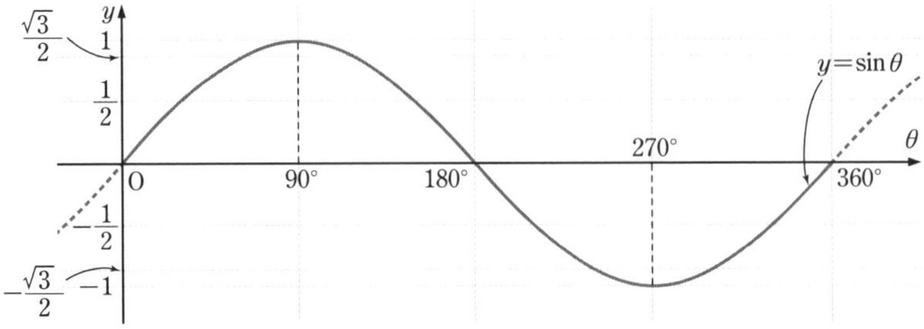

例 85 $y=\cos\theta$ ---① のグラフをもとに次のグラフをかいてみよう。

(1) $y=\dfrac{3}{2}\cos\theta$　　　(2) $y=\cos 3\theta$

$y=\cos\theta$

1 360° を周期とする**周期関数**

2 y の値の範囲は

$-1 \leqq y \leqq 1$

▶ (1) ①のグラフを y 軸方向に $\dfrac{3}{2}$ 倍したものである。

(2) θ のいろいろな値に対する y の値は，右の表のようになるので，①のグラフを θ 軸方向に $\dfrac{1}{3}$ 倍したものである。

θ	0°	30°	60°	90°	120°	150°	180°	…
$\cos\theta$	1	$\frac{\sqrt{3}}{2}$	$\frac{1}{2}$	0	$-\frac{1}{2}$	$-\frac{\sqrt{3}}{2}$	-1	…
$\cos 3\theta$	1	0	-1	0	1	0	-1	…

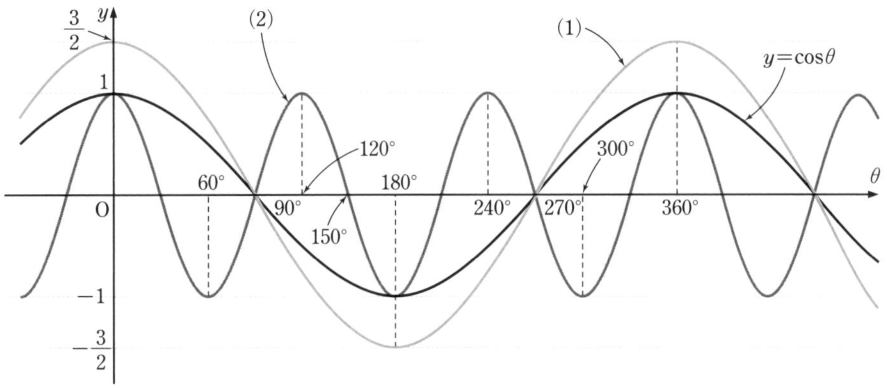

121 $y=\dfrac{5}{2}\cos\theta$ のグラフをかきなさい。　教 p. 93　問 11

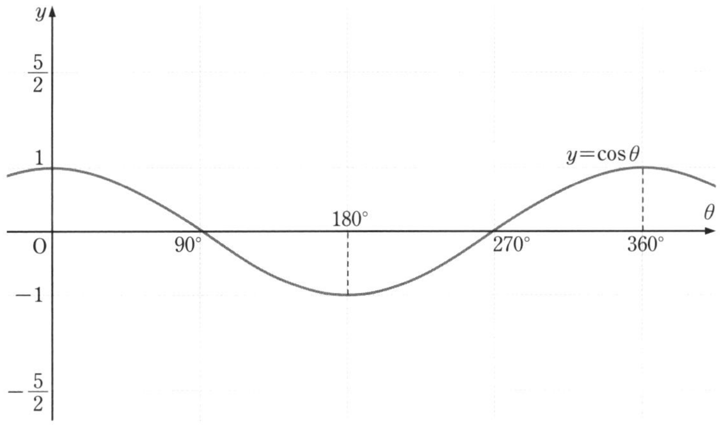

122 $0° \leqq \theta \leqq 360°$ の範囲で，$y=\cos\dfrac{\theta}{3}$ のグラフをかきなさい。　教 p. 93　問 12

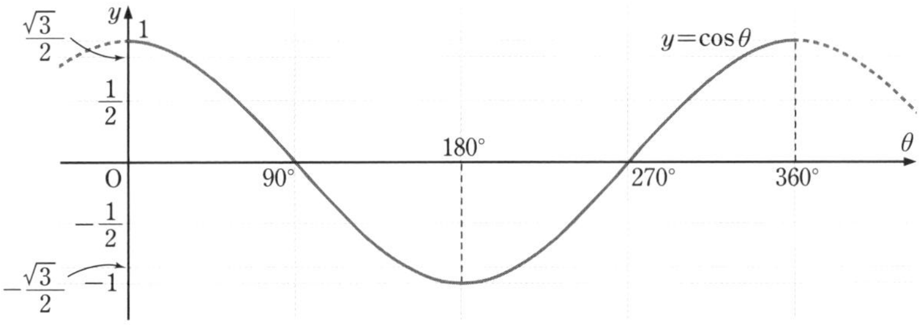

例 86 $y=\tan\theta$ ---① のグラフをもとに $y=\tan 2\theta$ のグラフをかいてみよう。

▶ θ のいろいろな値に対する y の値は右の表のようになるので，①のグラフを θ 軸方向に $\frac{1}{2}$ 倍したものである。

θ	…	$-45°$	$0°$	$45°$	$60°$	$90°$	$120°$	$135°$	$180°$	…
$\tan\theta$	…	-1	0	1	$\sqrt{3}$	／	$-\sqrt{3}$	-1	0	…
$\tan 2\theta$	…	／	0	／	$-\sqrt{3}$	0	$\sqrt{3}$	／	0	…

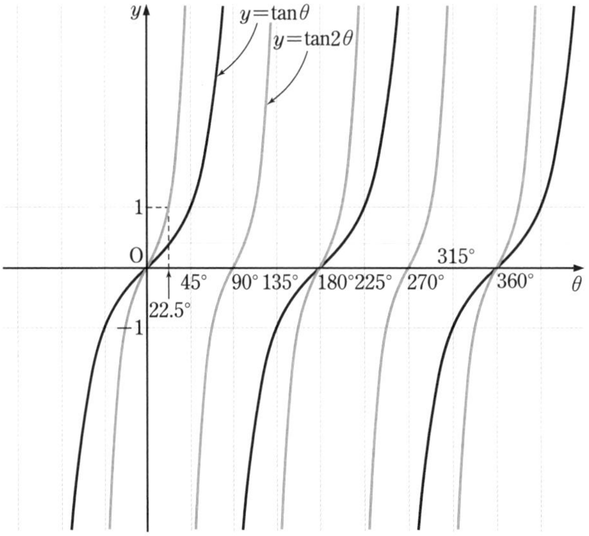

$y=\tan\theta$

1. 180° を周期とする周期関数
2. y の値の範囲は，実数全体
3. グラフは切れている。

123 $0° \leqq \theta \leqq 360°$ の範囲で，$y=\tan\frac{\theta}{3}$ のグラフをかきなさい。 ➲教 p. 94 問 13

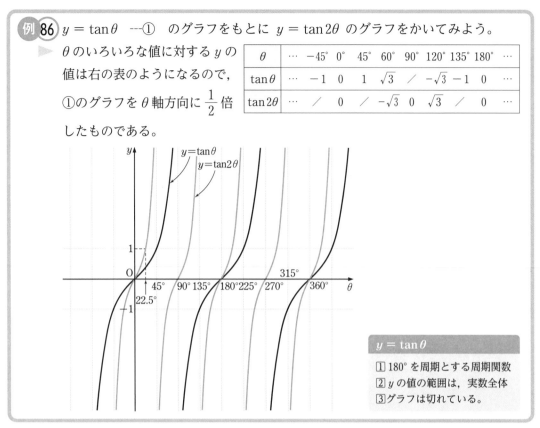

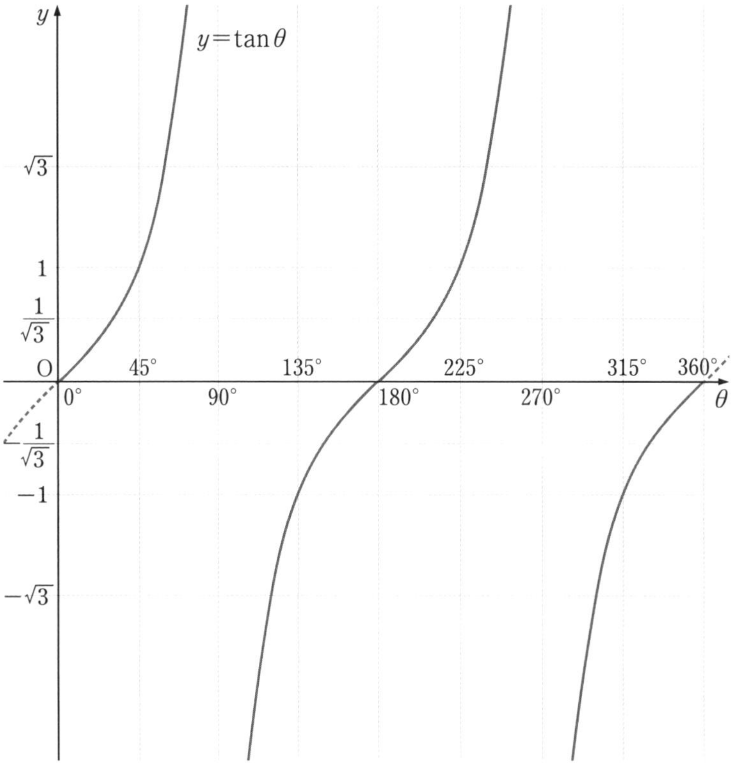

2節 加法定理/弧度法

1 加法定理

➡教p. 96, 97

例 87 次の値を求めてみよう。

(1) $\sin 105° = \sin(60° + 45°)$

$= \sin 60° \cos 45° + \cos 60° \sin 45°$

$= \dfrac{\sqrt{3}}{2} \times \dfrac{\sqrt{2}}{2} + \dfrac{1}{2} \times \dfrac{\sqrt{2}}{2}$

$= \dfrac{\sqrt{6} + \sqrt{2}}{4}$

(2) $\cos 15° = \cos(45° - 30°)$

$= \cos 45° \cos 30° + \sin 45° \sin 30°$

$= \dfrac{\sqrt{2}}{2} \times \dfrac{\sqrt{3}}{2} + \dfrac{\sqrt{2}}{2} \times \dfrac{1}{2}$

$= \dfrac{\sqrt{6} + \sqrt{2}}{4}$

加法定理

1. $\sin(\alpha + \beta) = \sin\alpha\cos\beta + \cos\alpha\sin\beta$
2. $\cos(\alpha + \beta) = \cos\alpha\cos\beta - \sin\alpha\sin\beta$
3. $\sin(\alpha - \beta) = \sin\alpha\cos\beta - \cos\alpha\sin\beta$
4. $\cos(\alpha - \beta) = \cos\alpha\cos\beta + \sin\alpha\sin\beta$

124 $195° = 135° + 60°$ を利用して，次の値を求めなさい。 ➡教p. 97 問1

(1) $\sin 195°$

(2) $\cos 195°$

125 $15° = 60° - 45°$ を利用して，次の値を求めなさい。 ➡教p. 97 問2

(1) $\sin 15°$

(2) $\cos 15°$

検

2 加法定理の応用

➡教 p. 98, 99

例 88 α が第 3 象限の角で，$\cos\alpha = -\frac{2}{3}$ のとき，

$\sin 2\alpha$ と $\cos 2\alpha$ の値を求めてみよう。

2 倍角の公式

1. $\sin 2\alpha = 2\sin\alpha\cos\alpha$
2. $\cos 2\alpha = \cos^2\alpha - \sin^2\alpha$
$= 1 - 2\sin^2\alpha$
$= 2\cos^2\alpha - 1$

▶ $\sin^2\alpha = 1 - \cos^2\alpha = 1 - \left(-\frac{2}{3}\right)^2 = \frac{5}{9}$

α は第 3 象限の角だから　$\sin\alpha < 0$

よって　　$\sin\alpha = -\sqrt{\frac{5}{9}} = -\frac{\sqrt{5}}{3}$　　←$\sin\alpha$ の値を先に求める。

したがって　$\sin 2\alpha = 2\sin\alpha\cos\alpha$

$= 2 \times \left(-\frac{\sqrt{5}}{3}\right) \times \left(-\frac{2}{3}\right) = \frac{4\sqrt{5}}{9}$

$\cos 2\alpha = 2\cos^2\alpha - 1$

$= 2 \times \left(-\frac{2}{3}\right)^2 - 1 = \frac{8}{9} - 1 = -\frac{1}{9}$

126 α が第 2 象限の角で，$\cos\alpha = -\frac{3}{4}$ のとき，$\sin 2\alpha$ と $\cos 2\alpha$ の値を求めなさい。 ➡教 p. 98　問 3

127 α が第 4 象限の角で，$\sin\alpha = -\frac{1}{3}$ のとき，$\sin 2\alpha$ と $\cos 2\alpha$ の値を求めなさい。 ➡教 p. 98　問 3

例 89 $-\sqrt{3}\sin\theta+\cos\theta$ を $r\sin(\theta+\alpha)$ の形に変形してみよう。

▶ $a=-\sqrt{3}$，$b=1$ だから，点 $\mathrm{P}(-\sqrt{3},\ 1)$ をとると

$r=\sqrt{(-\sqrt{3})^2+1^2}$　　$\leftarrow r=\sqrt{a^2+b^2}$

$=\sqrt{4}$

$=2$

$\alpha=150°$

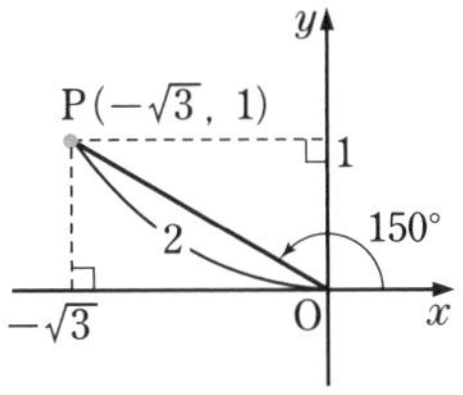

よって

$-\sqrt{3}\sin\theta+\cos\theta=\mathbf{2\sin(\theta+150°)}$

三角関数の合成

$$a\sin\theta+b\cos\theta=\sqrt{a^2+b^2}\sin(\theta+\alpha)$$

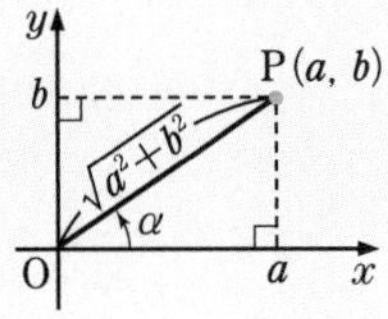

ただし

$$\cos\alpha=\frac{a}{\sqrt{a^2+b^2}}$$

$$\sin\alpha=\frac{b}{\sqrt{a^2+b^2}}$$

128 $-\sin\theta-\cos\theta$ を $r\sin(\theta+\alpha)$ の形に変形しなさい。　➲教p. 99　問 4

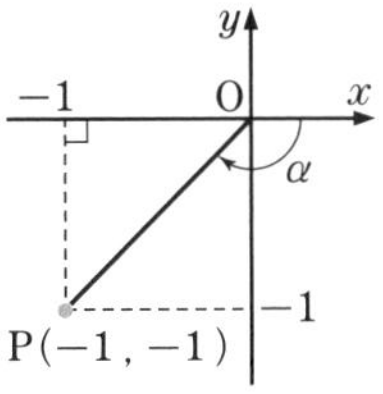

129 $\sqrt{2}\sin\theta+\sqrt{6}\cos\theta$ を $r\sin(\theta+\alpha)$ の形に変形しなさい。　➲教p. 99　問 4

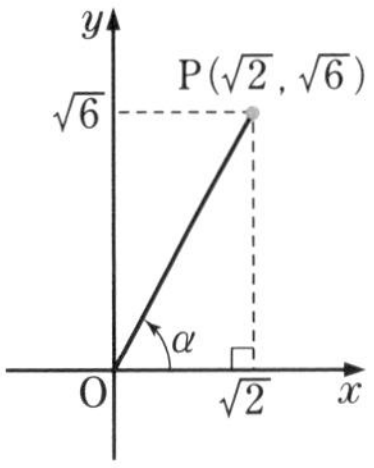

3 弧度法

例90 次の(1)の角は弧度法で，(2)の角は度で表してみよう。

(1) 150°　　(2) $\frac{4}{3}\pi$

▶ (1) $150^\circ = 150 \times 1^\circ = 150 \times \frac{\pi}{180} = \boldsymbol{\frac{5}{6}\pi}$

(2) $\frac{4}{3}\pi = \frac{4}{3} \times \pi = \frac{4}{3} \times 180^\circ = \mathbf{240^\circ}$

「度」と「ラジアン」の関係

$1^\circ = \frac{\pi}{180}$ ラジアン

1 ラジアン $= \frac{180^\circ}{\pi}$

例91 半径が 4，中心角が $\frac{3}{4}\pi$ である扇(おうぎ)形の弧の長さ l と面積 S を求めてみよう。

▶ $l = r\theta = 4 \times \frac{3}{4}\pi = \boldsymbol{3\pi}$

$S = \frac{1}{2}rl = \frac{1}{2} \times 4 \times 3\pi = \boldsymbol{6\pi}$

扇形の弧の長さと面積

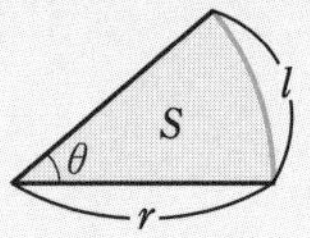

$\boldsymbol{l = r\theta}$

$\boldsymbol{S = \frac{1}{2}r^2\theta = \frac{1}{2}rl}$

130 次の角を弧度法で表しなさい。

➡教p. 100　問 5

(1) 210°

(2) -405°

131 次の弧度法の角を度で表しなさい。

➡教p. 100　問 5

(1) $\frac{7}{5}\pi$

(2) -3π

132 次の扇形の弧の長さ l と面積 S を求めなさい。

➡教p. 101　問 6

(1) 半径が 12，中心角が $\frac{5}{6}\pi$

(2) 半径が 8，中心角が $\frac{7}{12}\pi$

演習問題 up

タンジェントの加法定理

例題 4 $\tan(\alpha+\beta)$ についての加法定理は次の式で表される。

$$\tan(\alpha+\beta)=\frac{\tan\alpha+\tan\beta}{1-\tan\alpha\tan\beta}$$

これを利用して $\tan 75^\circ$ の値を求めなさい。

解答

$$\tan 75^\circ=\tan(45^\circ+30^\circ)$$
$$=\frac{\tan 45^\circ+\tan 30^\circ}{1-\tan 45^\circ\tan 30^\circ}$$
$$=(\tan 45^\circ+\tan 30^\circ)\div(1-\tan 45^\circ\tan 30^\circ)$$
$$=\left(1+\frac{1}{\sqrt{3}}\right)\div\left(1-1\times\frac{1}{\sqrt{3}}\right)$$
$$=\frac{\sqrt{3}+1}{\sqrt{3}}\div\frac{\sqrt{3}-1}{\sqrt{3}}=\frac{\sqrt{3}+1}{\sqrt{3}}\times\frac{\sqrt{3}}{\sqrt{3}-1}$$
$$=\frac{\sqrt{3}+1}{\sqrt{3}-1}$$ 答

$\tan 45^\circ=1$, $\tan 30^\circ=\frac{1}{\sqrt{3}}$

←分母を有理化すると $2+\sqrt{3}$ となる。

解説 $\tan(\alpha+\beta)$ についての加法定理は，$\tan(\alpha+\beta)=\dfrac{\sin(\alpha+\beta)}{\cos(\alpha+\beta)}$ として右辺を変形することによって得られる。

なお，$\tan(\alpha-\beta)$ についての加法定理は次の式で表される。

$$\tan(\alpha-\beta)=\frac{\tan\alpha-\tan\beta}{1+\tan\alpha\tan\beta}$$

133 $\tan(\alpha+\beta)$ についての加法定理を利用して $\tan 105^\circ$ の値を求めなさい。

1 指数の拡張(1)

➡教p. 102, 103

例92 次の計算をしてみよう。

(1) $a^3 \times a^7 = a^{3+7}$
$= \boldsymbol{a^{10}}$

(2) $(a^6)^3 = a^{6\times3}$
$= \boldsymbol{a^{18}}$

(3) $(2a^3b^2)^4 = 2^4 \times (a^3)^4 \times (b^2)^4$
$= 16 \times a^{3\times4} \times b^{2\times4}$
$= \boldsymbol{16a^{12}b^8}$

指数法則

m, n が正の整数のとき

1 $a^m \times a^n = a^{m+n}$
2 $(a^m)^n = a^{m\times n}$
3 $(ab)^n = a^n b^n$

例93 (1) $5^0 = \boldsymbol{1}$

(2) $2^{-4} = \dfrac{1}{2^4} = \boldsymbol{\dfrac{1}{16}}$

指数が0や負の整数の場合

$a \neq 0$ で, n が正の整数のとき

$a^0 = 1$, $a^{-n} = \dfrac{1}{a^n}$

134 次の計算をしなさい。 ➡教p. 102 問1

(1) $a^5 \times a^8$

(2) $(a^4)^5$

(3) $(2a^3)^5$

(4) $(3a^2b^4)^3$

(5) $a^2b \times (a^4b^3)^2$

135 次の□にあてはまる数を入れなさい。 ➡教p. 103 問2

(1) $9^0 = \square$

(2) $2^{-5} = \dfrac{1}{2^{\square}} = \dfrac{1}{\square}$

(3) $7^{-2} = \dfrac{1}{7^{\square}} = \dfrac{1}{\square}$

(4) $2 \times 10^{-4} = 2 \times \dfrac{1}{10^{\square}}$
$= 2 \times \dfrac{1}{\square}$
$= \dfrac{1}{\square}$

例 94 次の計算をしてみよう。

(1) $5^6 \times 5^{-4} = 5^{6+(-4)}$

$= 5^2 = \mathbf{25}$

(2) $(4^3)^{-1} = 4^{3\times(-1)}$

$= 4^{-3} = \dfrac{1}{4^3} = \mathbf{\dfrac{1}{64}}$

(3) $7^{10} \div 7^8 = 7^{10-8}$

$= 7^2 = \mathbf{49}$

(4) $3^4 \times 3^{-12} \div (3^2)^{-4} = 3^4 \times 3^{-12} \div 3^{2\times(-4)}$

$= 3^4 \times 3^{-12} \div 3^{-8}$

$= 3^{4+(-12)-(-8)}$

$= 3^0 = \mathbf{1}$

指数法則

m, n が整数のとき

1 $a^m \times a^n = a^{m+n}$

2 $(a^m)^n = a^{m\times n}$

3 $(ab)^n = a^n b^n$

4 $a^m \div a^n = a^{m-n}$

136 次の計算をしなさい。 ➲教p. 103 問3

(1) $8^6 \times 8^{-4}$

(2) $(5^{-1})^3$

(3) $7^{-9} \div 7^{-10}$

(4) $10^6 \times (10^2)^{-3}$

137 次の計算をしなさい。 ➲教p. 103 問3

(1) $4^6 \times 4^{-2} \div 4^3$

(2) $(2^4)^3 \times 2^{-7} \div 2^3$

(3) $3^4 \div 3^{-2} \times 3^{-8}$

検

2 累乗根 ➲教 p. 104，105

3 指数の拡張(2) ➲教 p. 106，107

例95 次の値を求めてみよう。

(1) $\sqrt[6]{64}$　　(2) $\sqrt[4]{256}$

▶ (1) $64 = 2^6$ だから

$\sqrt[6]{64} = \mathbf{2}$　　←$\sqrt[6]{2^6} = 2$

(2) $256 = 4^4$ だから

$\sqrt[4]{256} = \mathbf{4}$　　←$\sqrt[4]{4^4} = 4$

例96 次の計算をしてみよう。

▶ (1) $\sqrt[3]{5} \times \sqrt[3]{25} = \sqrt[3]{5 \times 25}$

$= \sqrt[3]{125} = \sqrt[3]{5^3} = \mathbf{5}$

(2) $\dfrac{\sqrt[4]{100000}}{\sqrt[4]{10}} = \sqrt[4]{\dfrac{100000}{10}}$

$= \sqrt[4]{10000} = \sqrt[4]{10^4} = \mathbf{10}$

a の累乗根

a の 2 乗根
a の 3 乗根
⋮
} まとめて a の**累乗根**という。

$\sqrt[n]{a}$ ← **n 乗根** ―― **n 乗** → a

累乗根の性質

$a > 0$，$b > 0$ で，n が 2 以上の整数のとき

1 $\sqrt[n]{a} \times \sqrt[n]{b} = \sqrt[n]{a \times b}$

2 $\dfrac{\sqrt[n]{a}}{\sqrt[n]{b}} = \sqrt[n]{\dfrac{a}{b}}$

138 次の値を求めなさい。 ➲教 p. 104　問 4

(1) $\sqrt[3]{8}$

(2) $\sqrt[5]{243}$

(3) $\sqrt[7]{1}$

(4) $\sqrt[4]{\dfrac{1}{16}}$

139 次の計算をしなさい。 ➲教 p. 105　問 5

(1) $\sqrt[5]{4} \times \sqrt[5]{8}$

(2) $\sqrt[4]{2} \times \sqrt[4]{3}$

(3) $\dfrac{\sqrt[6]{20}}{\sqrt[6]{4}}$

(4) $\dfrac{\sqrt[3]{243}}{\sqrt[3]{9}}$

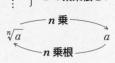

例 97 次の計算をしてみよう。

(1) $(\sqrt[3]{6})^2=\sqrt[3]{6^2}=\mathbf{\sqrt[3]{36}}$

(2) $(\sqrt[4]{25})^2=\sqrt[4]{25^2}=\sqrt[4]{625}$
$=\sqrt[4]{5^4}=\mathbf{5}$

例 98 (1) $5^{\frac{1}{3}}=\mathbf{\sqrt[3]{5}}$

(2) $4^{\frac{3}{2}}=\sqrt{4^3}=\sqrt{64}=\mathbf{8}$

(3) $6^{-\frac{2}{3}}=\dfrac{1}{6^{\frac{2}{3}}}=\dfrac{1}{\sqrt[3]{6^2}}=\mathbf{\dfrac{1}{\sqrt[3]{36}}}$

累乗根の性質

$(\sqrt[●]{a})^{■}=\sqrt[●]{a^{■}}$

指数が分数の場合

$a>0$ で，m が整数，n が正の整数のとき

$a^{\frac{m}{n}}=\sqrt[n]{a^m}$　とくに　$a^{\frac{1}{n}}=\sqrt[n]{a}$

$a^{-\frac{m}{n}}=\dfrac{1}{a^{\frac{m}{n}}}=\dfrac{1}{\sqrt[n]{a^m}}$

140 次の計算をしなさい。➲教p. 105　問 6

(1) $(\sqrt[3]{10})^2$

(2) $(\sqrt[4]{3})^3$

(3) $(\sqrt[4]{100})^2$

(4) $\left(\sqrt[4]{\dfrac{1}{9}}\right)^2$

141 次の □ にあてはまる数を入れなさい。➲教p. 106　問 7

(1) $12^{\frac{1}{3}}=\sqrt[\square]{12}$

(2) $3^{\frac{3}{4}}=\sqrt[\square]{3^{\square}}$
$=\sqrt[\square]{\square}$

(3) $10^{\frac{3}{2}}=\sqrt{10^{\square}}$
$=\sqrt{\square}$

(4) $7^{-\frac{2}{5}}=\dfrac{1}{7^{\square}}=\dfrac{1}{\sqrt[\square]{7^{\square}}}$
$=\dfrac{1}{\sqrt[\square]{\square}}$

検

例 99 次の計算をしてみよう。

(1) $2^{\frac{3}{5}} \times 2^{\frac{7}{5}} = 2^{\frac{3}{5}+\frac{7}{5}} = 2^{\frac{10}{5}} = 2^2 = \mathbf{4}$

(2) $(3^{-8})^{\frac{1}{4}} = 3^{-8\times\frac{1}{4}} = 3^{-2} = \frac{1}{3^2} = \mathbf{\frac{1}{9}}$

(3) $8^{-\frac{4}{3}} = (2^3)^{-\frac{4}{3}} = 2^{3\times\left(-\frac{4}{3}\right)}$ ←8 を 2 の累乗で表す。

$= 2^{-4} = \frac{1}{2^4} = \mathbf{\frac{1}{16}}$

(4) $5^{\frac{9}{2}} \div 5^{\frac{3}{2}} = 5^{\frac{9}{2}-\frac{3}{2}} = 5^{\frac{6}{2}} = 5^3 = \mathbf{125}$

指数法則

$a>0,\ b>0$ で，

●，■が整数や分数のとき

1 $a^{●} \times a^{■} = a^{●+■}$

2 $(a^{●})^{■} = a^{●\times■}$

3 $(ab)^{●} = a^{●}b^{●}$

4 $a^{●} \div a^{■} = a^{●-■}$

142 次の計算をしなさい。 ➲教p.107 問8

(1) $2^{\frac{10}{3}} \times 2^{\frac{2}{3}}$

(2) $(3^6)^{\frac{1}{2}}$

(3) $9^{-\frac{3}{2}}$

(4) $6^{\frac{1}{3}} \times 6^{-\frac{7}{3}}$

143 次の計算をしなさい。 ➲教p.107 問8

(1) $10^{\frac{9}{4}} \div 10^{\frac{5}{4}}$

(2) $16^{\frac{1}{3}} \times 16^{\frac{1}{6}}$

(3) $7^{\frac{4}{5}} \div 7^{-\frac{6}{5}}$

(4) $11^{-\frac{7}{4}} \div 11^{\frac{1}{2}} \times 11^{\frac{9}{4}}$

例100 次の計算をしてみよう。

(1) $\sqrt[4]{9} \times \sqrt{3^5} = 9^{\frac{1}{4}} \times 3^{\frac{5}{2}}$

$= (3^2)^{\frac{1}{4}} \times 3^{\frac{5}{2}}$

$= 3^{2\times\frac{1}{4}} \times 3^{\frac{5}{2}}$

$= 3^{\frac{1}{2}+\frac{5}{2}}$

$= 3^3 = \mathbf{27}$

(2) $\sqrt[6]{8} \div \sqrt[8]{16} = 8^{\frac{1}{6}} \div 16^{\frac{1}{8}}$

$= (2^3)^{\frac{1}{6}} \div (2^4)^{\frac{1}{8}}$

$= 2^{3\times\frac{1}{6}} \div 2^{4\times\frac{1}{8}}$

$= 2^{\frac{1}{2}-\frac{1}{2}}$

$= 2^0 = \mathbf{1}$

累乗根を含む式の計算

1 $\sqrt[●]{a^{■}}$ を $a^{\frac{■}{●}}$ の形にする。

↓

2 指数法則を利用する。

144 次の計算をしなさい。 ⊃教p. 107 問9

(1) $\sqrt[5]{6^2} \times \sqrt[5]{6^8}$

(2) $\sqrt[6]{4} \times \sqrt[3]{4}$

(3) $\sqrt[4]{27} \times \sqrt[8]{9}$

145 次の計算をしなさい。 ⊃教p. 107 問9

(1) $\sqrt[3]{2^5} \div \sqrt[6]{16}$

(2) $\sqrt[4]{3^6} \div \sqrt[8]{81}$

(3) $\sqrt[4]{25} \div \sqrt{5^3}$

検

4 指数関数のグラフ

➡教p. 108~111

例 101 次の指数関数のグラフをかいてみよう。

(1) $y=3^x$　　(2) $y=\left(\frac{1}{3}\right)^x$

▶ (1), (2)のグラフは次のようになる。

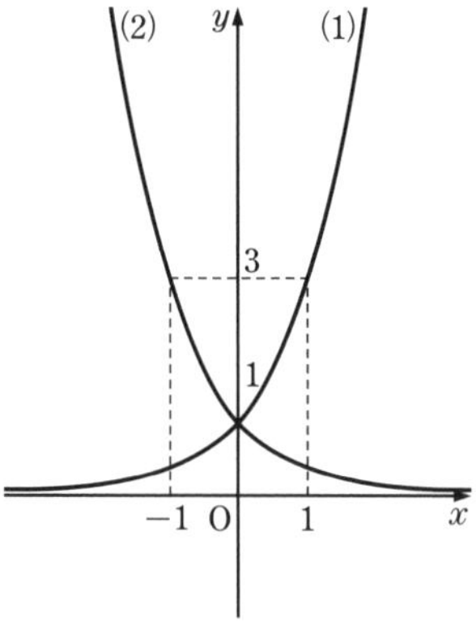

$y=a^x$ のグラフの特徴

1. 2 点 $(0,\ 1)$, $(1,\ a)$ を通り，x 軸より上側にある。
2. 漸近線は x 軸である。
3. $a>1$ のとき，右上がりの曲線
   $0<a<1$ のとき，右下がりの曲線

←(1)と(2)のグラフは y 軸について対称

146 $y=\left(\frac{3}{2}\right)^x$ について，下の表の空欄にあてはまる数を入れ，このグラフをかきなさい。 ➡教p. 109　問 10

x	…	-2	-1	0	1	2	…
y	…						…

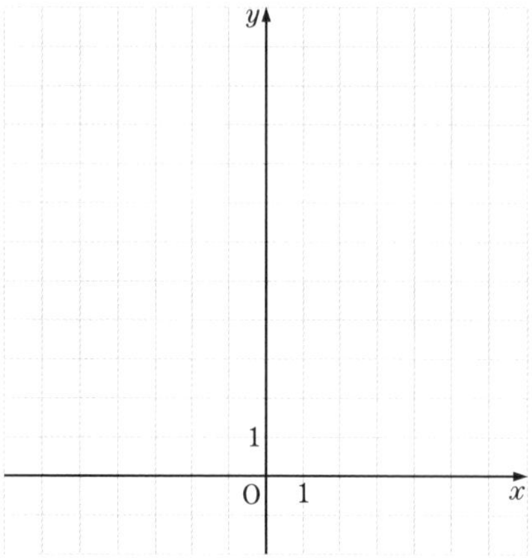

147 $y=\left(\frac{2}{3}\right)^x$ について，下の表の空欄にあてはまる数を入れ，このグラフをかきなさい。 ➡教p. 109　問 10

x	…	-2	-1	0	1	2	…
y	…						…

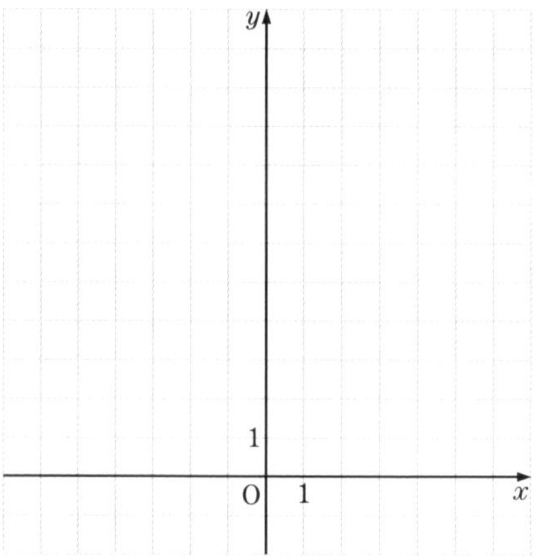

例 102 次の 3 つの数の大小を調べてみよう。

(1) 4^{-2}, 4^3, 4　　(2) $\left(\frac{2}{3}\right)^{-1}$, $\left(\frac{2}{3}\right)^2$, $\left(\frac{2}{3}\right)^0$

▶ (1) 底の 4 は，1 より大きく

指数の大小を比べると　$-2<1<3$

よって　$\mathbf{4^{-2}<4<4^3}$

(2) 底の $\frac{2}{3}$ は，1 より小さく

指数の大小を比べると　$-1<0<2$

よって　$\left(\frac{2}{3}\right)^{-1}>\left(\frac{2}{3}\right)^0>\left(\frac{2}{3}\right)^2$

指数の大小と数の大小

$a>1$ のとき

●<■ ⟺ $a^{●}<a^{■}$

$0<a<1$ のとき

●<■ ⟺ $a^{●}>a^{■}$

例 103 方程式 $8^x=32$ を解いてみよう。

▶ $8^x=(2^3)^x=2^{3x}$,　$32=2^5$ だから　←底を 2 にそろえる。

$2^{3x}=2^5$

よって　$3x=5$,　$\boldsymbol{x=\frac{5}{3}}$

$2^{●}=2^{■}$ のとき ●=■

指数に x を含む方程式

底を 1 つの数にそろえる。

148 次の 3 つの数の大小を調べなさい。

➲教 p. 110　問 11

(1) 5^4, 5^{-3}, 5^0

(2) $\left(\frac{3}{10}\right)^2$, $\left(\frac{3}{10}\right)^{\frac{5}{3}}$, $\left(\frac{3}{10}\right)^0$

149 次の方程式を解きなさい。

➲教 p. 111　問 12

(1) $4^x=64$

(2) $27^x=\frac{1}{9}$

(3) $5^{x+1}=\sqrt{125}$

検

4節 対数関数

1 対数

➡教p. 112, 113

例104 次の式を $\log_a M = p$ の形で表してみよう。

(1) $100 = 10^2$　　(2) $\frac{1}{16} = 2^{-4}$

(3) $\sqrt{7} = 7^{\frac{1}{2}}$

指数と対数

a が 1 でない正の数，
M が正の数のとき
$\boldsymbol{M = a^p \Longleftrightarrow \log_a M = p}$

▶ (1) $\boldsymbol{\log_{10} 100 = 2}$　　(2) $\boldsymbol{\log_2 \frac{1}{16} = -4}$

(3) $\boldsymbol{\log_7 \sqrt{7} = \frac{1}{2}}$

例105 次の式を $M = a^p$ の形で表してみよう。

(1) $\log_4 64 = 3$　　(2) $\log_9 \frac{1}{81} = -2$

▶ (1) $\boldsymbol{64 = 4^3}$　　(2) $\boldsymbol{\frac{1}{81} = 9^{-2}}$

150 次の式を $\log_a M = p$ の形で表しなさい。 ➡教p. 113 問2

(1) $125 = 5^3$

(2) $\frac{1}{27} = 3^{-3}$

(3) $\sqrt{5} = 5^{\frac{1}{2}}$

(4) $10 = 10^1$

151 次の式を $M = a^p$ の形で表しなさい。 ➡教p. 113 問3

(1) $\log_8 64 = 2$

(2) $\log_2 128 = 7$

(3) $\log_3 \sqrt{3} = \frac{1}{2}$

(4) $\log_7 1 = 0$

例 106 次の値を求めてみよう。

(1) $\log_{10} 10000$　　(2) $\log_6 \frac{1}{36}$

対数の値

$\log_a$ ■ は
「■は a の何乗になるか」を表す値である。

(1) $\log_{10} 10000$ は，10000 は 10 の何乗になるか
を表す値である。

$10000 = 10^4$ だから　$\log_{10} 10000 = \mathbf{4}$　　←$\log_{10} 10^4 = 4$

(2) $\log_6 \frac{1}{36}$ は，$\frac{1}{36}$ は 6 の何乗になるか
を表す値である。

$\frac{1}{36} = 6^{-2}$ だから　$\log_6 \frac{1}{36} = \mathbf{-2}$　　←$\log_6 6^{-2} = -2$

152 次の値を求めなさい。➲教p. 113　問 4

(1) $\log_7 49$

(2) $\log_2 32$

(3) $\log_3 81$

(4) $\log_6 6$

153 次の値を求めなさい。➲教p. 113　問 4

(1) $\log_5 \frac{1}{25}$

(2) $\log_4 \frac{1}{64}$

(3) $\log_3 \frac{1}{3}$

(4) $\log_8 1$

検

2 対数の性質

➡教 p. 114，115

例 107 次の計算をしてみよう。

(1) $\log_8 2 + \log_8 32$

$= \log_8 (2 \times 32)$

$= \log_8 64$

$= \log_8 8^2$

$= \mathbf{2}$

(2) $\log_{10} 3000 - \log_{10} 3$

$= \log_{10} \dfrac{3000}{3}$

$= \log_{10} 1000$

$= \log_{10} 10^3$

$= \mathbf{3}$

対数の性質

$M > 0$，$N > 0$ で，k が実数のとき

1 $\log_a (M \times N) = \log_a M + \log_a N$

2 $\log_a \left(\dfrac{M}{N}\right) = \log_a M - \log_a N$

3 $\log_a M^k = k \log_a M$

また $\log_a 1 = 0$，$\log_a a = 1$

対数の計算

底が同じ対数は，1 つにまとめることができる。

154 次の計算をしなさい。 ➡教 p. 115 問 5

(1) $\log_6 3 + \log_6 2$

(2) $\log_8 4 + \log_8 16$

(3) $\log_{10} 25 + \log_{10} 4$

155 次の計算をしなさい。 ➡教 p. 115 問 5

(1) $\log_2 12 - \log_2 6$

(2) $\log_3 63 - \log_3 7$

(3) $\log_5 12 - \log_5 60$

例 108 次の計算をしてみよう。

(1) $\log_9 \sqrt{3} + \log_9 3\sqrt{3} = \log_9 (\sqrt{3} \times 3\sqrt{3})$ ←$\log_a M + \log_a N = \log_a (M \times N)$

$= \log_9 9 = \mathbf{1}$

(2) $\log_3 6 - 2\log_3 2 + \log_3 18$

$= \log_3 6 - \log_3 2^2 + \log_3 18$ ←$k \log_a M = \log_a M^k$

$= \log_3 \dfrac{6 \times 18}{4}$

$= \log_3 27 = \log_3 3^3 = \mathbf{3}$

156 次の計算をしなさい。 ➲教p. 115 問6

(1) $\log_6 \sqrt{2} + \log_6 \sqrt{3}$

(2) $\log_5 \sqrt{35} - \log_5 \sqrt{7}$

(3) $\log_2 \sqrt{12} - \dfrac{1}{2} \log_2 3$

157 次の計算をしなさい。 ➲教p. 115 問6

(1) $\log_2 12 + \log_2 10 - \log_2 15$

(2) $2\log_3 6 - \log_3 12$

(3) $2\log_6 3 + \log_6 20 - \log_6 5$

検

3 対数関数のグラフ

➲教 p. 116～118

例109 関数 $y=\log_{\frac{1}{3}}x$ について，次の表の x の値に対する y の値を入れてみよう。

x	$\cdots$	$\frac{1}{27}$	$\frac{1}{9}$	$\frac{1}{3}$	1	3	9	$\cdots$
y	$\cdots$							$\cdots$

▶ 左から順に **3，2，1，0，$-$1，$-$2**

例110 次の対数の値の大小を調べてみよう。

(1) $\log_5 8$，$\log_5 13$　　(2) $\log_{\frac{1}{3}}7$，$\log_{\frac{1}{3}}10$

▶ (1) 底の 5 は，1 より大きく
真数の大小を比べると　$8<13$
よって　$\boldsymbol{\log_5 8<\log_5 13}$

(2) 底の $\frac{1}{3}$ は，1 より小さく
真数の大小を比べると　$7<10$
よって　$\boldsymbol{\log_{\frac{1}{3}}7>\log_{\frac{1}{3}}10}$

$y=\log_a x$ のグラフ

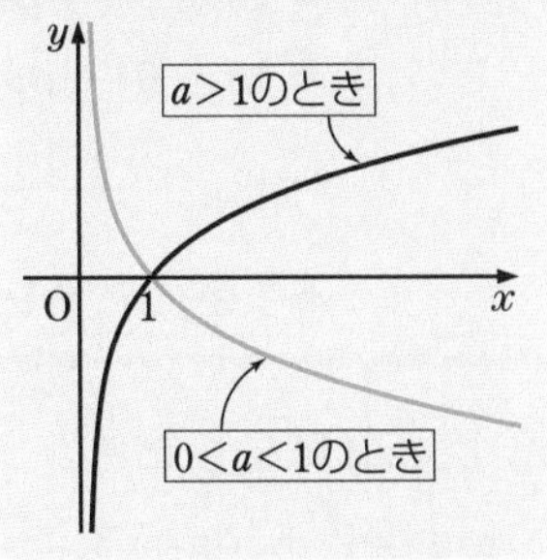

対数の値の大小

$a>1$ のとき
● < ■ $\iff$ $\log_a$ ● < $\log_a$ ■

$0<a<1$ のとき
● < ■ $\iff$ $\log_a$ ● > $\log_a$ ■

158 関数 $y=\log_4 x$ について，次の表の x の値に対する y の値を入れなさい。

➲教 p. 117　問 7，問 8

x	$\cdots$	$\frac{1}{64}$	$\frac{1}{16}$	$\frac{1}{4}$	1	4	16	$\cdots$
y	$\cdots$							$\cdots$

159 次の対数の値の大小を調べなさい。

➲教 p. 118　問 9

(1) $\log_{10}7$，$\log_{10}11$

(2) $\log_{\frac{1}{2}}9$，$\log_{\frac{1}{2}}10$

4 常用対数

➲教119，120

例 111 対数表を用いて，次の値を求めてみよう。

(1) $\log_{10} 3.14$　　(2) $\log_{10} 7.83$

▶ (1) $\log_{10} 3.14 = \mathbf{0.4969}$

(2) $\log_{10} 7.83 = \mathbf{0.8938}$

常用対数

10 を底とする対数を**常用対数**という。

$\log_{10} ■$

例 112 対数表を用いて，次の値を求めてみよう。

(1) $\log_{10} 1790$　　(2) $\log_{10} 0.604$

▶ (1) $\log_{10} 1790 = \log_{10}(1.79 \times 1000)$

$= \log_{10} 1.79 + \log_{10} 1000$

$= 0.2529 + 3 = \mathbf{3.2529}$

←▲.▲▲ の形に直す。

←$\log_a(● \times ■) = \log_a ● + \log_a ■$

(2) $\log_{10} 0.604 = \log_{10} \dfrac{6.04}{10}$

$= \log_{10} 6.04 - \log_{10} 10$

$= 0.7810 - 1 = \mathbf{-0.2190}$

$\log_a\left(\dfrac{●}{■}\right) = \log_a ● - \log_a ■$

160 対数表を用いて，次の値を求めなさい。

➲教p. 119　問 10

(1) $\log_{10} 2.46$

(2) $\log_{10} 4.79$

(3) $\log_{10} 7.63$

(4) $\log_{10} 8.32$

161 対数表を用いて，次の値を求めなさい。

➲教p. 119　問 11

(1) $\log_{10} 36.5$

(2) $\log_{10} 962$

(3) $\log_{10} 0.0798$

対数表は，後見返しにある。

検

例 113 整数 2^{20} のけた数を求めてみよう。
ただし，$\log_{10} 2 = 0.3010$ とする。

▶ $\log_{10} 2^{20} = 20\log_{10} 2$
$= 20 \times 0.3010$
$= 6.020$

よって　$2^{20} = 10^{6.020}$

$10^6 < 10^{6.020} < 10^7$ から

$10^6 < 2^{20} < 10^7$

したがって，2^{20} は**7けたの整数**である。

整数のけた数

$10^3 = 1000$ … 4けた
$10^4 = 10000$ … 5けた
$10^5 = 100000$ … 6けた
⋮
10^n は $n+1$ けた

常用対数の応用

正の整数 ●^{p} は何けたか？
↓
$\log_{10}$ ●^{p} の値を調べる

162 整数 2^{50} のけた数を求めなさい。
ただし，$\log_{10} 2 = 0.3010$ とする。

➲教 p. 120　問 12

163 整数 3^{40} のけた数を求めなさい。
ただし，$\log_{10} 3 = 0.4771$ とする。

➲教 p. 120　問 12

チャレンジ　底の変換公式

➡教p. 121

例 114 底の変換公式を用いて，次の式を簡単にしてみよう。

(1)　$\log_4 32$

(2)　$\log_3 45 - 2\log_9 5$

底の変換公式

$$\log_{●} ■ = \frac{\log_c ■}{\log_c ●}$$

▶ (1)　$\log_4 32 = \dfrac{\log_2 32}{\log_2 4}$

$= \dfrac{\log_2 2^5}{\log_2 2^2} = \mathbf{\dfrac{5}{2}}$

(2)　$\log_3 45 - 2\log_9 5 = \log_3 45 - 2 \times \dfrac{\log_3 5}{\log_3 9}$

$= \log_3 45 - 2 \times \dfrac{\log_3 5}{\log_3 3^2} = \log_3 45 - 2 \times \dfrac{\log_3 5}{2}$

$= \log_3 45 - \log_3 5 = \log_3 \dfrac{45}{5}$

$= \log_3 9 = \log_3 3^2 = \mathbf{2}$

164 底の変換公式を用いて，次の式を簡単にしなさい。 ➡教p. 121　問 13

(1)　$\log_{16} 64$

(2)　$\log_{25} \sqrt{5}$

(3)　$\log_{27} \dfrac{1}{9}$

165 底の変換公式を用いて，次の式を簡単にしなさい。 ➡教p. 121　問 13

(1)　$\log_2 6 - \log_8 216$

(2)　$\log_2 24 - \log_4 36$

検

演習問題 up

指数に x を含む不等式(1)

例題 5 不等式 $8^x < 32$ をみたす x の値の範囲を求めなさい。

解答

$(左辺) = 8^x = (2^3)^x = 2^{3x}$

$(右辺) = 32 = 2^5$ だから

$2^{3x} < 2^5$

底の 2 は，1 より大きいから

$3x < 5$

よって　$x < \dfrac{5}{3}$　答

指数に x を含む不等式(1)

$a > 1$ のとき

$a^{●} < a^{■}$

⇓　（不等号の向きは変わらない）

● < ■

166 不等式 $25^x > 125$ をみたす x の値の範囲を求めなさい。

指数に x を含む不等式(2)

例題 6 不等式 $\left(\dfrac{1}{4}\right)^x > \dfrac{1}{8}$ をみたす x の値の範囲を求めなさい。

解答

$(左辺) = \left(\dfrac{1}{4}\right)^x = \left\{\left(\dfrac{1}{2}\right)^2\right\}^x = \left(\dfrac{1}{2}\right)^{2x}$

$(右辺) = \dfrac{1}{8} = \left(\dfrac{1}{2}\right)^3$ だから

$\left(\dfrac{1}{2}\right)^{2x} > \left(\dfrac{1}{2}\right)^3$

底の $\dfrac{1}{2}$ は，1 より小さいから

$2x < 3$

よって　$x < \dfrac{3}{2}$　答

指数に x を含む不等式(2)

$0 < a < 1$ のとき

$a^{●} < a^{■}$

⇓　（不等号の向きが変わる）

● > ■

167 不等式 $\left(\dfrac{1}{9}\right)^x < \dfrac{1}{243}$ をみたす x の値の範囲を求めなさい。

例題 7 方程式 $\log_2 x+\log_2 3=4$ をみたす x の値を求めなさい。

解答

x は正の数だから　$x>0$　------①

(左辺) $=\log_2 x+\log_2 3=\log_2(x\times 3)=\log_2 3x$

(右辺) $=4=\log_2 2^4=\log_2 16$

よって　$\log_2 3x=\log_2 16$

$$3x=16$$

$$x=\frac{16}{3}$$

これは，①をみたすから，求める解は

$$\boldsymbol{x=\frac{16}{3}}$$ 答

168 方程式 $\log_3 x+\log_3 6=3$ をみたす x の値を求めなさい。

例題 8 不等式 $\log_{10} x+\log_{10} 4<2$ をみたす x の値の範囲を求めなさい。

解答

x は正の数だから　$x>0$　------①

(左辺) $=\log_{10} x+\log_{10} 4=\log_{10}(x\times 4)=\log_{10} 4x$

(右辺) $=2=\log_{10} 10^2=\log_{10} 100$

よって　$\log_{10} 4x<\log_{10} 100$

底の 10 は，1 より大きいから

$$4x<100$$

$$x<25$$　------②

①，②から，求める解は

$$\boldsymbol{0<x<25}$$ 答

169 不等式 $\log_3 x+\log_3 5<4$ をみたす x の値の範囲を求めなさい。

4章 微分と積分

1節 微分の考え

1 平均変化率

➲教 p. 126, 127

例115 関数 $f(x)=2x^2$ において，次の関数の値を求めてみよう。

▶ (1) $f(4)=2\times 4^2=2\times 16=\mathbf{32}$

(2) $f(-1)=2\times(-1)^2=2\times 1=\mathbf{2}$

関数の値

関数 $y=f(x)$ で，x に a を代入した値を $x=a$ のときの**関数の値**といい，$\boldsymbol{f(a)}$ で表す。

例116 関数 $f(x)=x^2$ において，x の値が -2 から 3 まで変化するときの $f(x)$ の平均変化率を求めてみよう。

▶ $\dfrac{f(3)-f(-2)}{3-(-2)}$

$=\dfrac{3^2-(-2)^2}{3+2}$

$=\dfrac{9-4}{5}$

$=\mathbf{1}$

平均変化率

関数 $y=f(x)$ において，x の値が a から b まで変化するとき

$\dfrac{y\text{の変化量}}{x\text{の変化量}}=\dfrac{\boldsymbol{f(b)-f(a)}}{\boldsymbol{b-a}}$

を，x の値が a から b まで変化するときの，関数 $f(x)$ の**平均変化率**という。

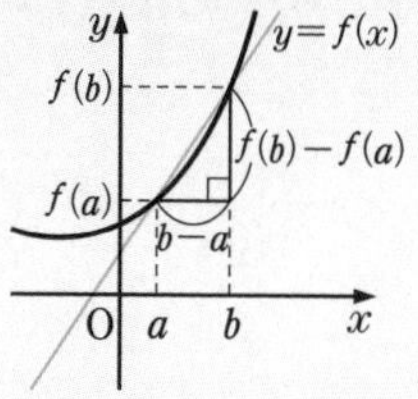

170 関数 $f(x)=4x^2$ において，次の関数の値を求めなさい。➲教p. 126　問 1

(1) $f(1)$

(2) $f(2)$

(3) $f(-1)$

(4) $f(-3)$

171 関数 $f(x)=x^2$ において，x の値が次のように変化するときの $f(x)$ の平均変化率を求めなさい。

➲教p. 127　問 2

(1) 3 から 5

(2) -1 から 2

(3) -3 から -1

2 微分係数

➡教 p. 128, 129

例 117 次の極限値を求めてみよう。

(1) $\lim_{h \to 0}(10 - h) = \mathbf{10}$

(2) $\lim_{h \to 0} 5(3 + 2h) = \mathbf{15}$

例 118 関数 $f(x) = x^2$ の $x = 5$ における微分係数 $f'(5)$ を求めてみよう。

$f(5+h) - f(5) = (5+h)^2 - 5^2$

$= 10h + h^2 = h(10+h)$

よって　$f'(5) = \lim_{h \to 0} \dfrac{f(5+h) - f(5)}{h}$

$= \lim_{h \to 0} \dfrac{h(10+h)}{h}$　←分母と分子を h で約分する。

$= \lim_{h \to 0}(10 + h) = \mathbf{10}$

極限値

h を含む式で，h を限りなく 0 に近づけると，その式の値がある一定の値 α に限りなく近づくとき，この一定の値 α を，h を限りなく 0 に近づけるときのその式の**極限値**という。

微分係数

関数 $f(x)$ の $x = a$ における**微分係数**は

$$f'(a) = \lim_{h \to 0} \frac{f(a+h) - f(a)}{h}$$

172 次の極限値を求めなさい。

➡教 p. 128　問 3

(1) $\lim_{h \to 0}(6 + h)$

(2) $\lim_{h \to 0} 5(2 - 3h)$

(3) $\lim_{h \to 0}\{-3(5 + 4h)\}$

(4) $\lim_{h \to 0}(-2 + 4h - 3h^2)$

173 関数 $f(x) = x^2$ において，次の微分係数を求めなさい。

➡教 p. 129　問 4

(1) $x = 4$ における微分係数 $f'(4)$

(2) $x = -2$ における微分係数 $f'(-2)$

検

3 導関数

➡教p. 130〜133

例119 関数 $f(x)=6x^2$ の導関数を求めてみよう。

▶ $f(x+h)-f(x)=6(x+h)^2-6x^2$

$=h(12x+6h)$

よって　$f'(x)=\lim_{h\to 0}\frac{f(x+h)-f(x)}{h}$

$=\lim_{h\to 0}\frac{h(12x+6h)}{h}$

$=\lim_{h\to 0}(12x+6h)=\mathbf{12x}$

$y=f(x)$ の導関数

$f'(x)=\lim_{h\to 0}\frac{f(x+h)-f(x)}{h}$

関数 $y=f(x)$ の導関数は

y', $\{f(x)\}'$

で表すこともある。

↑$y=6x^2$ の導関数は $y'=12x$, $(6x^2)'=12x$ などと表す。

例120 関数 $f(x)=x^2-7x$ の導関数を求めてみよう。

▶ $f(x+h)-f(x)=\{(x+h)^2-7(x+h)\}-(x^2-7x)$

$=(x^2+2xh+h^2-7x-7h)-(x^2-7x)$

$=h(2x+h-7)$

よって　$f'(x)=\lim_{h\to 0}\frac{f(x+h)-f(x)}{h}=\lim_{h\to 0}\frac{h(2x+h-7)}{h}$

$=\lim_{h\to 0}(2x+h-7)=\mathbf{2x-7}$

174 次の関数の導関数を求めなさい。

➡教p. 130，131

(1)　$f(x)=2x$

(2)　$f(x)=4x^2$

175 次の関数の導関数を求めなさい。

➡教p. 130，131

(1)　$f(x)=x+3$

(2)　$f(x)=x^2-5x$

例 121 次の関数を微分してみよう。

(1) $y = 8x^2$

$y' = (8x^2)' = 8 \times (x^2)' = 8 \times 2x = \mathbf{16x}$

(2) $y = 5x^3 - 4x + 3$

$y' = (5x^3 - 4x + 3)'$

$= 5 \times (x^3)' - 4 \times (x)' + (3)'$

$= 5 \times 3x^2 - 4 \times 1 + 0 = \mathbf{15x^2 - 4}$

x^n の導関数

n が正の整数のとき

$(x^n)' = nx^{n-1}$

c を定数とするとき

$(c)' = 0$

導関数の公式

導関数を求めることを**微分する**という。

1 $\{kf(x)\}' = k \times f'(x)$ (k は定数)
2 $\{f(x) + g(x)\}' = f'(x) + g'(x)$
3 $\{f(x) - g(x)\}' = f'(x) - g'(x)$

例 122 関数 $y = (x+1)(2x-5)$ を微分してみよう。

$y = (x+1)(2x-5)$

$= 2x^2 - 3x - 5$

展開してから微分する。

よって $y' = (2x^2 - 3x - 5)'$

$= 2 \times (x^2)' - 3 \times (x)' - (5)'$

$= 2 \times 2x - 3 \times 1 - 0 = \mathbf{4x - 3}$

176 次の関数を微分しなさい。

教 p. 133 問 6

(1) $y = -3x^2$

(2) $y = 4x^3 - x^2 + 3$

(3) $y = 2x^3 - 5x^2 + 2x$

(4) $y = -5x^3 + x^2 - 3x + 2$

177 次の関数を微分しなさい。

教 p. 133 問 7

(1) $y = (x+5)^2$

(2) $y = (x-3)(2x-1)$

(3) $y = x^2(5x+8)$

(4) $y = 3x(x-4)^2$

検

4 接線

例 123 放物線 $y=x^2+1$ 上の $x=2$ の点における接線の傾きを求めてみよう。

▶ $f(x)=x^2+1$ とおくと

$f'(x)=2x$

よって，求める接線の傾きは

$f'(2)=2\times2=4$

微分係数と接線の傾き

曲線 $y=f(x)$ 上の $x=a$ の点における接線の傾きは微分係数 $f'(a)$ である。

例 124 放物線 $y=2x^2-3$ 上の点 $(1,\ -1)$ における接線の方程式を求めてみよう。

▶ $f(x)=2x^2-3$ とおくと

$f'(x)=4x$

よって，接線の傾きは

$f'(1)=4\times1=4$

接線は点 $(1,\ -1)$ を通るから，

求める接線の方程式は

$y-(-1)=4(x-1)$

整理すると　$\boldsymbol{y=4x-5}$

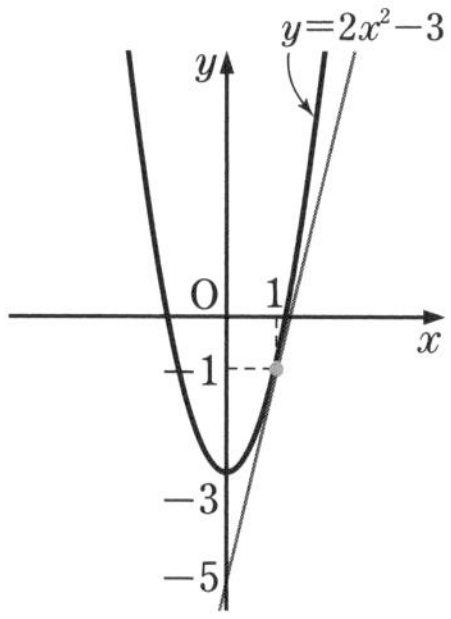

接線の方程式

曲線 $y=f(x)$ 上の点 $(a,\ b)$ における接線の方程式は

$\boldsymbol{y-b=f'(a)(x-a)}$

178 放物線 $y=-2x^2+4x$ 上の次の点における接線の傾きを求めなさい。

➡教p. 134　問 8

(1)　$x=2$ の点

(2)　$x=-2$ の点

179 放物線 $y=x^2-5x$ 上の点 $(1,\ -4)$ における接線の方程式を求めなさい。

➡教p. 135　問 9

5 関数の増加・減少 ➡教p. 136，137

例 125 関数 $y=x^3-12x$ の増減を調べてみよう。

▶ $y'=3x^2-12=3(x^2-4)$

$=3(x+2)(x-2)$

$y'=0$ とすると　$x=-2,\ 2$

$x=-2$ のとき

$y=(-2)^3-12\times(-2)=16$

$x=2$ のとき

$y=2^3-12\times2=-16$

よって，増減表は次のようになる。

x	$\cdots$	-2	$\cdots$	2	$\cdots$
y'	$+$	0	$-$	0	$+$
y	↗	16	↘	-16	↗

したがって　**$x<-2$，$2<x$ のとき，y は増加し，**

$-2<x<2$　のとき，y は減少する。

関数 $f(x)$ の増加・減少

$f'(x)>0$ となる x の範囲で，$f(x)$ は**増加**

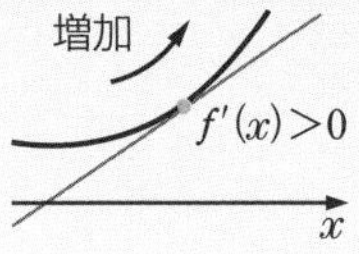

$f'(x)<0$ となる x の範囲で，$f(x)$ は**減少**

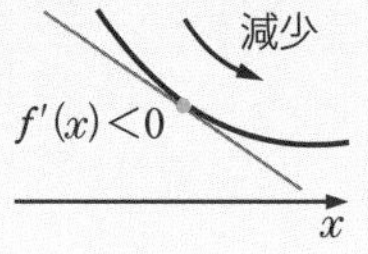

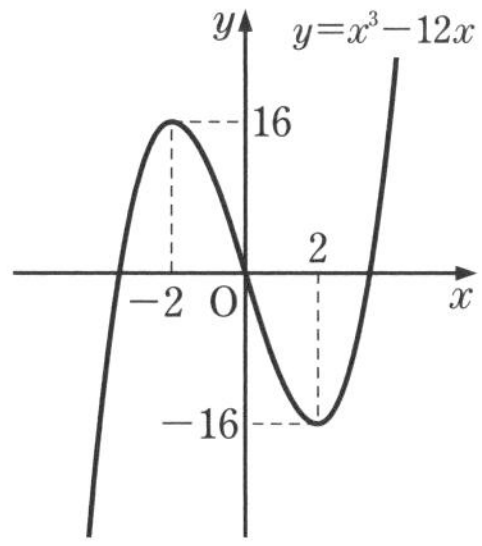

180 次の関数の増減を調べなさい。

➡教p. 137　問 10，問 11

(1) $y=x^2-2x$

x	$\cdots$		$\cdots$
y'		0	
y			

(2) $y=-x^2+4x$

x	$\cdots$		$\cdots$
y'		0	
y			

181 次の関数の増減を調べなさい。

➡教p. 137　問 11

(1) $y=x^3-6x^2$

x	$\cdots$		$\cdots$		$\cdots$
y'		0		0	
y					

(2) $y=-x^3+12x+5$

x	$\cdots$		$\cdots$		$\cdots$
y'		0		0	
y					

6 関数の極大・極小

➡教 p. 138〜140

例 126 関数 $y=x^3-3x+4$ の増減を調べ，極値を求めてみよう。

▶ $y'=3x^2-3=3(x+1)(x-1)$

$y'=0$ とすると　$x=-1,\ 1$

$x=-1$ のとき

$y=(-1)^3-3\times(-1)+4=6$

$x=1$ のとき

$y=1^3-3\times1+4=2$

$f'(x)$ の符号と極大・極小

$f'(x)$ の符号が $x=a$ の前後で正から負に変わるとき $f(x)$ は $x=a$ で**極大**となる。

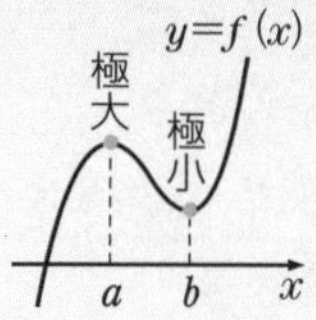

$f'(x)$ の符号が $x=b$ の前後で負から正に変わるとき $f(x)$ は $x=b$ で**極小**となる。

よって，増減表は次のようになる。

x	$\cdots$	-1	$\cdots$	1	$\cdots$
y'	$+$	0	$-$	0	$+$
y	↗	6	↘	2	↗

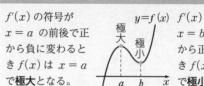

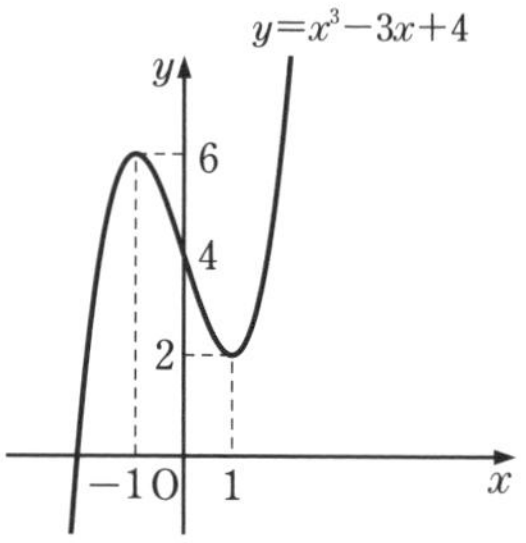

したがって　**$x=-1$ で極大となり，極大値は 6**

$x=1$　で極小となり，極小値は 2

182 次の関数の増減を調べ，極値を求めなさい。 ➡教 p. 139　問 12

(1) $y=-x^2+4x+5$

(2) $y=2x^2-8x+6$

183 次の関数の増減を調べ，極値を求めなさい。 ➡教 p. 139　問 13

(1) $y=x^3-3x^2-9x$

(2) $y=-x^3+3x-2$

例 127 関数 $y=x^3-12x-8$ の極値を求め，グラフをかいてみよう。

▶ $y'=3x^2-12=3(x^2-4)=3(x+2)(x-2)$

$y'=0$ とすると　$x=-2,\ 2$

$x=-2$ のとき

$y=(-2)^3-12\times(-2)-8=8$

$x=2$ のとき

$y=2^3-12\times2-8=-24$

よって，増減表は次のようになる。

x	$\cdots$	-2	$\cdots$	2	$\cdots$
y'	$+$	0	$-$	0	$+$
y	↗	8	↘	-24	↗

したがって

$x=-2$ で極大となり，極大値は 8

$x=2$　で極小となり，極小値は -24

また，グラフは右の図のようになる。

関数 $y=f(x)$ のグラフをかく手順

1 y' を求める。
2 $y'=0$ を解く。
3 増減表をつくり，極値を調べる。
4 極値となる点や y 軸との交点に注意してグラフをかく。

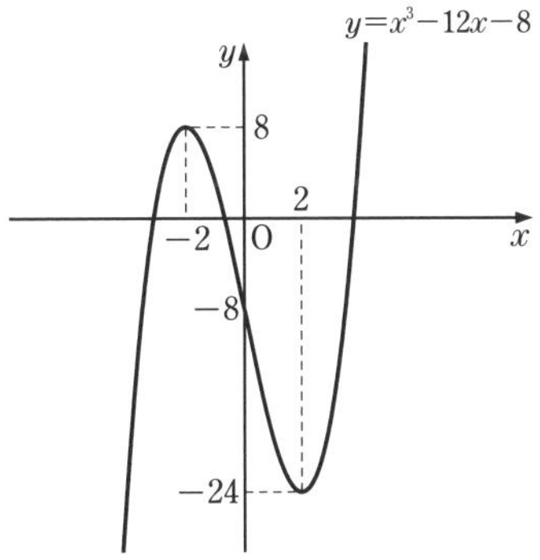

184 関数 $y=2x^3-3x^2+4$ の極値を求め，グラフをかきなさい。

➲教 p. 140　問 14

185 関数 $y=-x^3-3x^2+9x+5$ の極値を求め，グラフをかきなさい。

➲教 p. 140　問 14

7 関数の最大・最小

例 128 次の関数の最大値，最小値を求めてみよう。

$y = x^3 - 6x^2 + 9x \quad (0 \leqq x \leqq 5)$

▶ $y' = 3x^2 - 12x + 9$

$= 3(x^2 - 4x + 3)$

$= 3(x-1)(x-3)$

$y' = 0$ とすると　$x = 1,\ 3$

$0 \leqq x \leqq 5$ における増減表は次のようになる。

x	0	$\cdots$	1	$\cdots$	3	$\cdots$	5
y'		$+$	0	$-$	0	$+$	
y	0	↗	4	↘	0	↗	20

よって　$x = 5$　　のとき，**最大値は 20**

$x = 0,\ 3$ のとき，**最小値は 0**

最大値・最小値の求め方

1. y を微分し，$y' = 0$ を解く。
2. 極値と，定義域の両端の値を求め増減表をかく。
3. 増減表にかいた y の値の中で 最大のものが最大値 最小のものが最小値

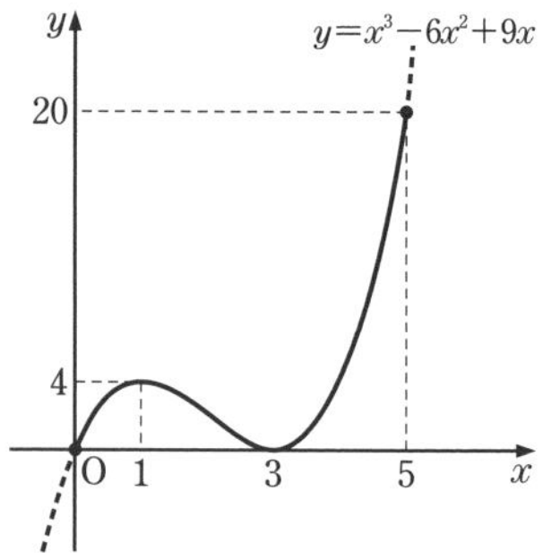

186 次の関数の最大値，最小値を求めなさい。 ➡教 p. 141　問 15

$y = x^3 - 3x^2 + 4 \quad (-2 \leqq x \leqq 3)$

187 次の関数の最大値，最小値を求めなさい。 ➡教 p. 141　問 15

$y = -x^3 + 12x - 8 \quad (-3 \leqq x \leqq 3)$

例 129　1 辺の長さが 20 cm の正方形の厚紙の 4 すみから，右の図の斜線の部分を切り取り，残りを折り曲げてランチボックスをつくりたい。
ランチボックスの容積を最大にするには，高さを何 cm にすればよいか求めてみよう。

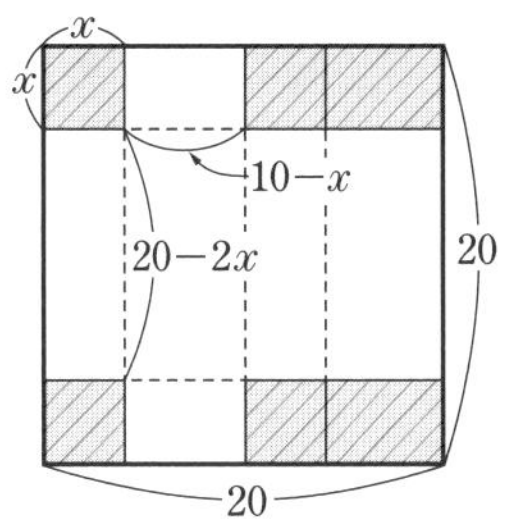

▶ ランチボックスの高さを x cm とすると
縦の長さ $(20-2x)$ cm，　横の長さ $(10-x)$ cm

←$20-2x>0$ かつ $10-x>0$ だから $0<x<10$

よって，ランチボックスの容積 $y\,\text{cm}^3$ は

$$y=x(20-2x)(10-x)=2x^3-40x^2+200x$$

これより

$$y'=6x^2-80x+200=2(3x^2-40x+100)$$
$$=2(3x-10)(x-10)$$

$y'=0$ とすると　$x=\frac{10}{3},\ 10$

定義域は $0<x<10$ だから，増減表は次のようになる。

x	0	…	$\frac{10}{3}$	…	10
y'		＋	0	−	
y		↗	$\frac{8000}{27}$	↘	

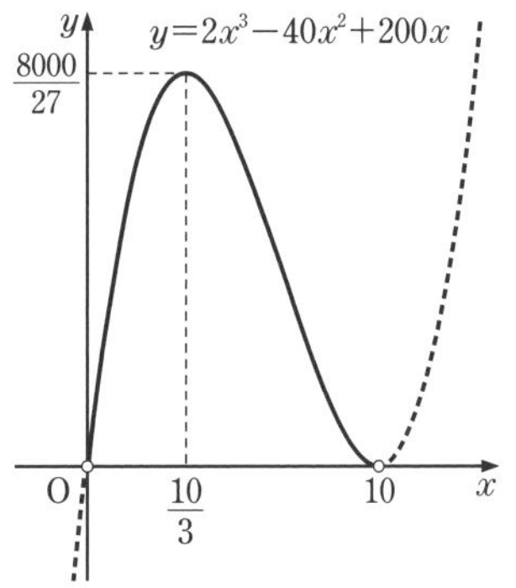

したがって，容積を最大にするには，高さを $\mathbf{\frac{10}{3}}$ **cm** にすればよい。

188 縦 15 cm，横 24 cm の長方形の厚紙の 4 すみから，右の図の斜線の部分を切り取り，残りを折り曲げてふたのない箱をつくりたい。箱の容積を最大にするには，高さを何 cm にすればよいか求めなさい。　➡教 p. 142　問 16

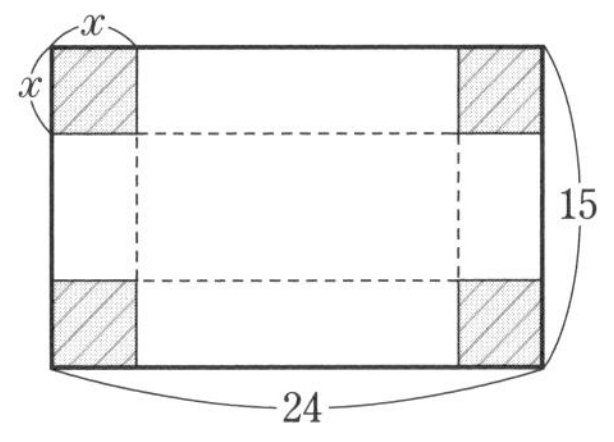

検

2節 積分の考え

1 不定積分

➡教 p. 144〜147

例130 $\left(\dfrac{x^6}{6}\right)' = x^5$ だから

$$\int x^5 dx = \boldsymbol{\frac{x^6}{6} + C}$$

例131 次の不定積分を求めてみよう。

(1) $\int 2x\,dx = 2\int x\,dx$

$= 2 \times \dfrac{x^2}{2} + C = \boldsymbol{x^2 + C}$

(2) $\int (x^2+4)dx = \int x^2 dx + \int 4\,dx$

$= \int x^2 dx + 4\int 1\,dx$

$= \boldsymbol{\dfrac{x^3}{3} + 4x + C}$

積分定数はまとめて C で表す。

不定積分

関数 $F(x)$ の導関数が $f(x)$ で C が定数のとき，$F(x)+C$ を $f(x)$ の**不定積分**といい

$$\boldsymbol{\int f(x)dx = F(x) + C}$$

で表す。

定数 C を**積分定数**という。

x^n の不定積分

n が 0 以上の整数のとき

$$\boldsymbol{\int x^n dx = \frac{x^{n+1}}{n+1} + C}$$

（C は積分定数）

189 次の不定積分を求めなさい。

➡教 p. 145　問 2

(1) $\int x^7 dx$

(2) $\int x^9 dx$

(3) $\int x^{10} dx$

(4) $\int x^{11} dx$

190 次の不定積分を求めなさい。

➡教 p. 146　問 3

(1) $\int 5x\,dx$

(2) $\int (-3x^2)dx$

(3) $\int 8\,dx$

(4) $\int (x^2-1)dx$

例 132 次の不定積分を求めてみよう。

$$\int(9x^2+4x-5)dx = 9\int x^2dx+4\int x\,dx-5\int 1\,dx$$
$$= 9\times\frac{x^3}{3}+4\times\frac{x^2}{2}-5x+C$$
$$= \mathbf{3x^3+2x^2-5x+C}$$

例 133 次の不定積分を求めてみよう。

$$\int(x-3)(3x+1)dx$$
$$= \int(3x^2-8x-3)dx$$
まず，展開する。
$$= 3\int x^2dx-8\int x\,dx-3\int 1\,dx$$
$$= 3\times\frac{x^3}{3}-8\times\frac{x^2}{2}-3x+C$$
$$= \mathbf{x^3-4x^2-3x+C}$$

不定積分の計算

不定積分を求めることを**積分する**という。

1 $\int kf(x)dx = k\int f(x)dx$ （k は定数）

2 $\int\{f(x)+g(x)\}dx = \int f(x)dx+\int g(x)dx$

3 $\int\{f(x)-g(x)\}dx = \int f(x)dx-\int g(x)dx$

191 次の不定積分を求めなさい。

教 p. 146 問 4

(1) $\int(7x+1)dx$

(2) $\int(-4x+2)dx$

(3) $\int(6x^2-8x+5)dx$

(4) $\int(-3x^2+x-4)dx$

192 次の不定積分を求めなさい。

教 p. 147 問 5

(1) $\int x(2x-3)dx$

(2) $\int(x-2)^2dx$

(3) $\int(x-3)(x+5)dx$

(4) $\int(3x-1)^2dx$

検

例 134 関数 $f(x)=6x+5$ の不定積分 $F(x)$ のうちで，
$F(1)=3$ となるような関数 $F(x)$ を求めてみよう。

▶ $F(x)=\int f(x)dx=\int(6x+5)dx$

$=3x^2+5x+C$

ここで，$F(1)=3$ だから

$3\times1^2+5\times1+C=3$

$3+5+C=3$

$C=-5$

よって，求める関数 $F(x)$ は

$\boldsymbol{F(x)=3x^2+5x-5}$

条件のついた不定積分

関数 $f(x)$ の不定積分を $F(x)$ とするとき

$F(x)=\int f(x)dx$

である。
ここで，$F(x)$ の条件を用いて C の値を求める。

193 関数 $f(x)=2x+3$ の不定積分 $F(x)$ のうちで，$F(2)=6$ となるような関数 $F(x)$ を求めなさい。

➲教p. 147　問 6

194 関数 $f(x)=3x^2-4$ の不定積分 $F(x)$ のうちで，$F(1)=2$ となるような関数 $F(x)$ を求めなさい。

➲教p. 147　問 6

2 定積分

➡教 p. 148, 149

例 135 次の定積分の値を求めてみよう。

▶ $\int_{-2}^{1} x^2 dx = \left[\frac{x^3}{3}\right]_{-2}^{1} = \frac{1^3}{3} - \frac{(-2)^3}{3}$

$= \frac{1}{3} + \frac{8}{3} = \mathbf{3}$

← $\left[\frac{x^3}{3}\right]_{-2}^{1} = \frac{1}{3}\left[x^3\right]_{-2}^{1}$

$= \frac{1}{3}\{1^3 - (-2)^3\}$

$= \frac{1}{3}(1+8) = 3$

と計算してもよい。

例 136 次の定積分の値を求めてみよう。

▶ $\int_{-1}^{2} 9x^2 dx = 9\int_{-1}^{2} x^2 dx$

$= 9\left[\frac{x^3}{3}\right]_{-1}^{2} = 3\left[x^3\right]_{-1}^{2}$

$= 3\{2^3 - (-1)^3\}$

$= 3(8+1) = \mathbf{27}$

←係数は前に出す。

定積分

$F'(x) = f(x)$ のとき

$\int_a^b f(x)dx = \left[F(x)\right]_a^b = F(b) - F(a)$

195 次の定積分の値を求めなさい。

➡教 p. 148 問 7

(1) $\int_{2}^{3} x\,dx$

(2) $\int_{-3}^{1} x\,dx$

(3) $\int_{-2}^{2} x^2 dx$

(4) $\int_{-2}^{5} 4\,dx$

196 次の定積分の値を求めなさい。

➡教 p. 149 問 8

(1) $\int_{1}^{3} 2x\,dx$

(2) $\int_{-2}^{1} 3x\,dx$

(3) $\int_{-3}^{1} 6x^2 dx$

(4) $\int_{-2}^{-1} 4x^2 dx$

検

例 137 次の定積分の値を求めてみよう。

$$\int_{-1}^{2}(x^2-3x-4)dx$$
$$=\int_{-1}^{2}x^2dx-3\int_{-1}^{2}x\,dx-4\int_{-1}^{2}1\,dx$$
$$=\left[\frac{x^3}{3}\right]_{-1}^{2}-3\left[\frac{x^2}{2}\right]_{-1}^{2}-4\Big[x\Big]_{-1}^{2}$$
$$=\frac{1}{3}\Big[x^3\Big]_{-1}^{2}-\frac{3}{2}\Big[x^2\Big]_{-1}^{2}-4\Big[x\Big]_{-1}^{2}$$
$$=\frac{1}{3}\{2^3-(-1)^3\}-\frac{3}{2}\{2^2-(-1)^2\}-4\{2-(-1)\}$$
$$=\frac{1}{3}\times 9-\frac{3}{2}\times 3-4\times 3$$
$$=3-\frac{9}{2}-12=\boldsymbol{-\frac{27}{2}}$$

定積分の計算

1. $\int_a^b kf(x)dx=k\int_a^b f(x)dx$ （k は定数）
2. $\int_a^b \{f(x)+g(x)\}dx=\int_a^b f(x)dx+\int_a^b g(x)dx$
3. $\int_a^b \{f(x)-g(x)\}dx=\int_a^b f(x)dx-\int_a^b g(x)dx$

197 次の定積分の値を求めなさい。

➲教p. 149　問 8

(1) $\int_{1}^{2}(2x+5)dx$

(2) $\int_{-1}^{2}(3x^2-6x+5)dx$

(3) $\int_{-1}^{1}(-6x^2+2x-3)dx$

198 次の定積分の値を求めなさい。

➲教p. 149　問 8

(1) $\int_{2}^{3}x(x-3)dx$

(2) $\int_{-1}^{2}(x+6)(x-2)dx$

3 面積

➡教 p. 150, 151

例 138 放物線 $y=x^2+1$ と x 軸，および 2 直線 $x=1$，$x=4$ で囲まれた図形の面積 S を求めてみよう。

▶ $1 \leqq x \leqq 4$ の範囲で $x^2+1 \geqq 0$ だから

$$S=\int_1^4 (x^2+1)dx$$
$$=\int_1^4 x^2dx+\int_1^4 1\,dx$$
$$=\left[\frac{x^3}{3}\right]_1^4+\Big[x\Big]_1^4$$
$$=\frac{1}{3}\Big[x^3\Big]_1^4+\Big[x\Big]_1^4$$
$$=\frac{1}{3}(64-1)+(4-1)$$
$$=21+3=\mathbf{24}$$

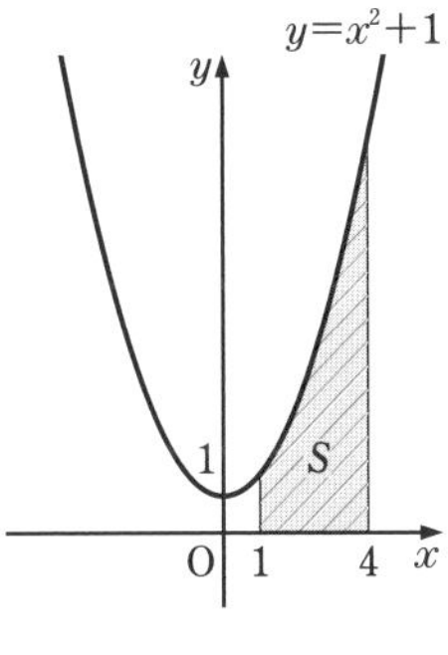

定積分と面積

$a \leqq x \leqq b$ で $f(x) \geqq 0$ のとき，下の図の斜線部分の面積 S は

$$S=\int_a^b f(x)dx$$

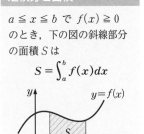

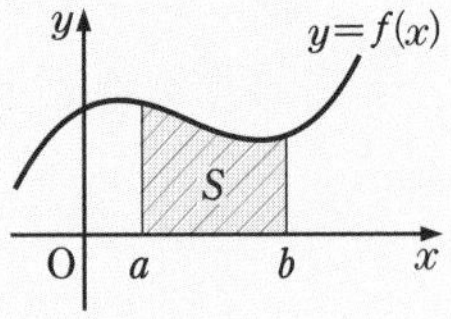

199 次の曲線や直線で囲まれた図形の面積 S を求めなさい。 ➡教 p. 151 問 10

(1) 放物線 $y=x^2$ と x 軸，および 2 直線 $x=2$，$x=3$

(2) 直線 $y=2x-1$ と x 軸，および 2 直線 $x=1$，$x=3$

200 次の曲線や直線で囲まれた図形の面積 S を求めなさい。 ➡教 p. 151 問 10

(1) 放物線 $y=x^2+2$ と x 軸，および 2 直線 $x=1$，$x=2$

(2) 放物線 $y=x^2+3$ と x 軸，および 2 直線 $x=-2$，$x=1$

検

例 139 放物線 $y=x^2-4x$ と x 軸で囲まれた図形の面積 S を求めてみよう。

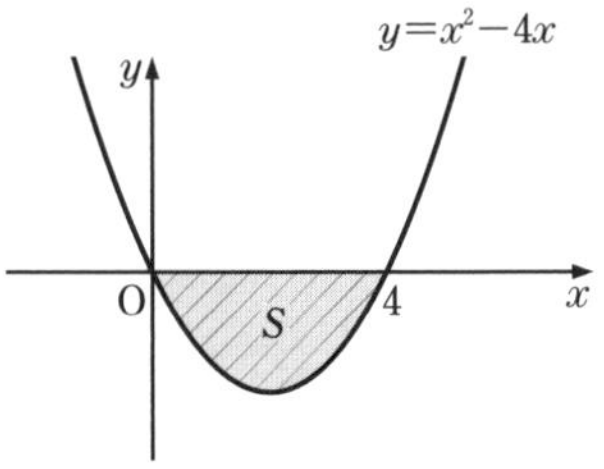

▶ 放物線 $y=x^2-4x$ と x 軸との交点の x 座標は

$x^2-4x=0$ から　$x(x-4)=0$

よって　$x=0,\ 4$

$0 \leqq x \leqq 4$ の範囲で $x^2-4x \leqq 0$ だから

この放物線は x 軸より下側にある。

$$S=\int_0^4\{-(x^2-4x)\}dx$$
$$=\int_0^4(-x^2+4x)dx$$
$$=-\frac{1}{3}\Big[x^3\Big]_0^4+2\Big[x^2\Big]_0^4$$
$$=-\frac{1}{3}(64-0)+2(16-0)$$
$$=-\frac{64}{3}+32=\boldsymbol{\frac{32}{3}}$$

x 軸より下側にある図形の面積

$a \leqq x \leqq b$ で，$f(x) \leqq 0$ のとき，曲線 $y=f(x)$ と x 軸，および 2 直線 $x=a$，$x=b$ で囲まれた図形の面積 S は

$$S=\int_a^b\{-f(x)\}dx$$

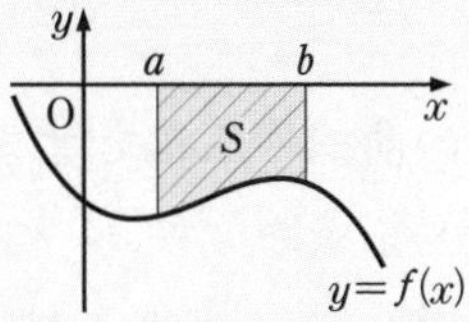

201 放物線 $y=x^2-9$ と x 軸で囲まれた図形の面積 S を求めなさい。

➡教 p. 152　問 11

202 放物線 $y=x^2+3x$ と x 軸で囲まれた図形の面積 S を求めなさい。

➡教 p. 152　問 11

例 140 放物線 $y=x^2+6$ と放物線 $y=-x^2+4$，
および 2 直線 $x=-1$，$x=2$ で囲まれた
図形の面積 S を求めてみよう。

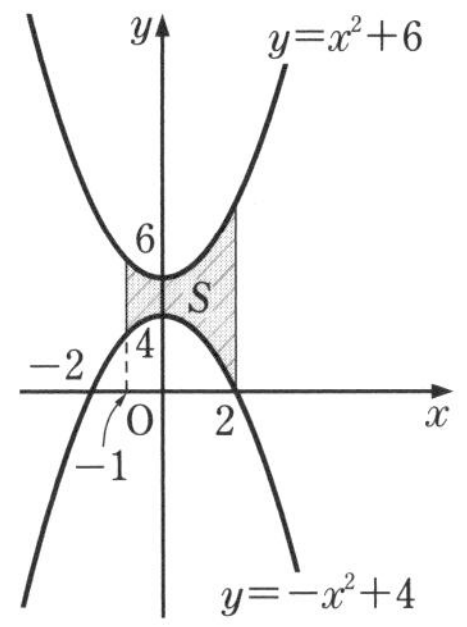

▶ $-1\leqq x\leqq 2$ の範囲で $x^2+6\geqq -x^2+4$ だから

$$S=\int_{-1}^{2}\{(x^2+6)-(-x^2+4)\}dx$$

←(上のグラフの式)
−(下のグラフの式)

$$=\int_{-1}^{2}(2x^2+2)dx$$

$$=\frac{2}{3}\Big[x^3\Big]_{-1}^{2}+2\Big[x\Big]_{-1}^{2}$$

$$=\frac{2}{3}(8+1)+2(2+1)$$

$$=6+6=\mathbf{12}$$

2 曲線間の面積

$a\leqq x\leqq b$ で，$f(x)\geqq g(x)$
のとき，右の図の斜線部分の
面積 S は

$$S=\int_a^b\{f(x)-g(x)\}dx$$

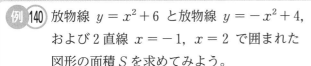

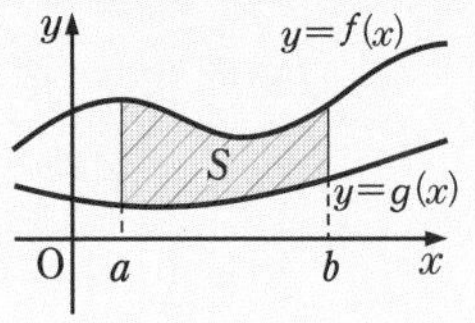

203 放物線 $y=2x^2+3$ と放物線
$y=x^2+1$，および 2 直線
$x=-1$，$x=2$ で囲まれた図形の
面積 S を求めなさい。

➲教 p. 153　問 12

204 放物線 $y=2x^2+5$ と放物線
$y=-x^2+4$，および 2 直線
$x=-1$，$x=1$ で囲まれた図形の
面積 S を求めなさい。

➲教 p. 153　問 12

例 141 放物線 $y=x^2$ と直線 $y=-x+2$ で囲まれた図形の面積 S を求めてみよう。

▶ 放物線 $y=x^2$ と直線 $y=-x+2$ との交点の x 座標は $x^2=-x+2$ の解だから

$x^2+x-2=0$

$(x+2)(x-1)=0$

$x=-2,\ 1$

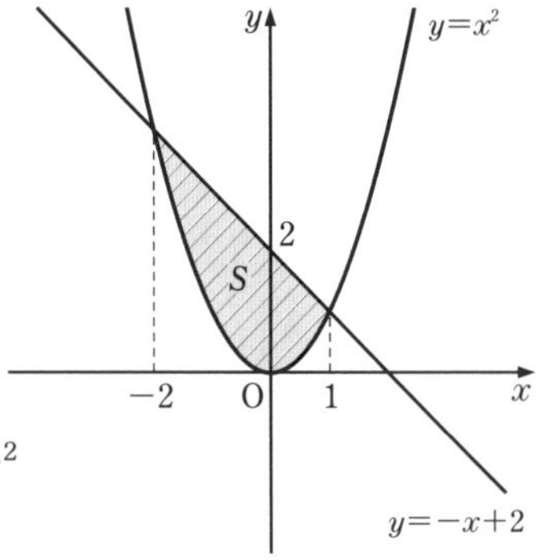

$-2 \leqq x \leqq 1$ の範囲で，直線 $y=-x+2$ が放物線 $y=x^2$ より上側にあるから，$-x+2 \geqq x^2$

よって，求める面積 S は

$$S=\int_{-2}^{1}\{(-x+2)-x^2\}dx$$ ←(上のグラフの式)−(下のグラフの式)

$$=\int_{-2}^{1}(-x^2-x+2)dx$$

$$=-\frac{1}{3}\Big[x^3\Big]_{-2}^{1}-\frac{1}{2}\Big[x^2\Big]_{-2}^{1}+2\Big[x\Big]_{-2}^{1}$$

$$=-\frac{1}{3}(1+8)-\frac{1}{2}(1-4)+2(1+2)$$

$$=-3+\frac{3}{2}+6=\mathbf{\frac{9}{2}}$$

205 放物線 $y=x^2+1$ と直線 $y=x+7$ で囲まれた図形の面積 S を求めなさい。 ➲教p. 154 問 13

206 放物線 $y=x^2-4x$ と放物線 $y=-x^2+6$ で囲まれた図形の面積 S を求めなさい。 ➲教p. 154 問 13

例題 9 放物線 $y=x^2-2x$ と x 軸，および直線 $x=3$ で囲まれた2つの部分の面積の和 S を求めなさい。

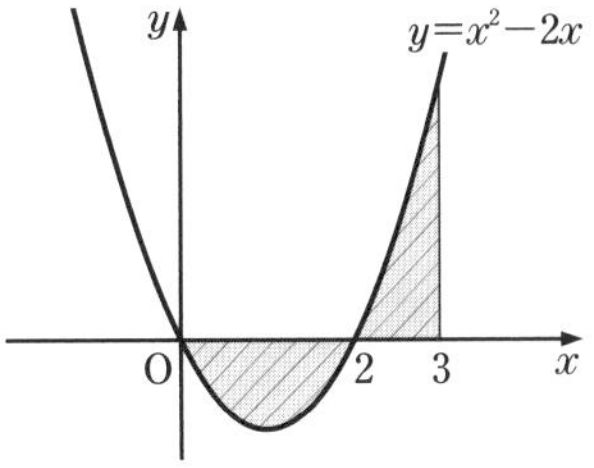

解答 放物線 $y=x^2-2x$ と x 軸との交点の x 座標は

$x^2-2x=0$ から　$x=0,\ 2$　　←$x(x-2)=0$

$0 \leqq x \leqq 2$ の範囲で $x^2-2x \leqq 0$

$2 \leqq x \leqq 3$ の範囲で $x^2-2x \geqq 0$

よって，求める面積 S は

$$S=\int_0^2\{-(x^2-2x)\}dx+\int_2^3(x^2-2x)dx$$

$$=-\frac{1}{3}\Big[x^3\Big]_0^2+\Big[x^2\Big]_0^2+\frac{1}{3}\Big[x^3\Big]_2^3-\Big[x^2\Big]_2^3$$

$$=-\frac{1}{3}(8-0)+(4-0)+\frac{1}{3}(27-8)-(9-4)$$

$$=-\frac{8}{3}+4+\frac{19}{3}-5=\boldsymbol{\frac{8}{3}}$$　答

解説 上の図のように，求める面積が x 軸の上側と下側の2つの部分にあるときは，x の区間を分けて，それぞれの面積の和として考える。

207 放物線 $y=x^2-1$ と x 軸，および直線 $x=2$ で囲まれた2つの部分の面積の和 S を求めなさい。

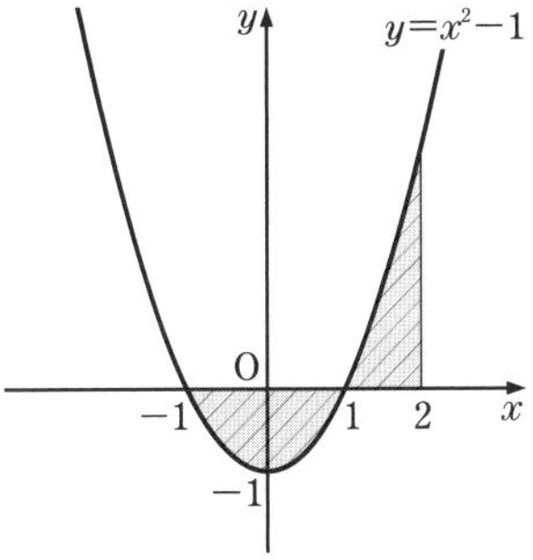

教科書　完全準拠

ステップノート 数学 II《略解》

ウォームアップ

1 (1) $\dfrac{xy}{18}$　(2) $-\dfrac{5x}{12}$

(3) $\dfrac{xy}{28}$　(4) $-\dfrac{3a}{5b}$

2 (1) $\dfrac{3x-1}{4}$　(2) $\dfrac{x-3}{2}$

(3) $\dfrac{x+1}{5}$　(4) $\dfrac{7x+5}{12}$

(5) $\dfrac{7x-y}{12}$　(6) $\dfrac{x+3y}{2}$

3 (1) $6x^9$　(2) $-15x^3y^4$

(3) $-64a^3b^9$　(4) $-12x^7y^4$

4 (1) $x=\dfrac{-7\pm\sqrt{41}}{4}$　(2) $x=\dfrac{2\pm\sqrt{19}}{3}$

(3) $x=\dfrac{1}{2},\ -2$　(4) $x=1,\ -\dfrac{2}{3}$

(5) $x=4$　(6) $x=-\dfrac{2}{3}$

5 (1) 15　(2) 56

(3) 126　(4) 3

(5) 1　(6) 1

1章 複素数と方程式

6 (1) x^2-1　(2) x^2-25

(3) $9x^2-1$　(4) $9x^2-16$

(5) $4x^2-25$

7 (1) x^2+4x+4　(2) $4x^2+12x+9$

(3) $25x^2+10x+1$　(4) $4x^2-20x+25$

(5) $9x^2-12x+4$

8 (1) $x^2+12x+35$　(2) x^2+4x-5

(3) x^2-x-30　(4) $x^2-10x+24$

(5) x^2+x-72

9 (1) $6x^2+7x+2$　(2) $6x^2+7x-20$

(3) $12x^2-17x-7$　(4) $10x^2-31x+15$

(5) $6x^2-41x+63$

10 (1) $x^3+12x^2+48x+64$

(2) $8x^3+36x^2+54x+27$

(3) $27x^3+54x^2+36x+8$

(4) $64x^3+48x^2+12x+1$

11 (1) x^3-3x^2+3x-1

(2) $x^3-9x^2+27x-27$

(3) $8x^3-60x^2+150x-125$

(4) $64x^3-144x^2+108x-27$

12 (1) $2a(2a+3)$　(2) $3xy(2x-5y)$

(3) $(x+6)(x-6)$　(4) $(2x+5)(2x-5)$

(5) $(6x+7)(6x-7)$

13 (1) $(x+5)^2$　(2) $(x+8)^2$

(3) $(x-6)^2$　(4) $(x-9)^2$

(5) $(3x+1)^2$

14 (1) $(x+5)(x+2)$　(2) $(x+6)(x+5)$

(3) $(x+8)(x-2)$　(4) $(x-2)(x-4)$

(5) $(x+3)(x-7)$

15 (1) $(x+1)(3x+1)$　(2) $(x+2)(2x+3)$

(3) $(x+2)(3x-1)$　(4) $(x-3)(5x-2)$

(5) $(x-2)(3x+4)$

16 (1) $(x+4)(x^2-4x+16)$

(2) $(2x+1)(4x^2-2x+1)$

(3) $(3x+2)(9x^2-6x+4)$

(4) $(x+3y)(x^2-3xy+9y^2)$

17 (1) $(x-1)(x^2+x+1)$

(2) $(3x-1)(9x^2+3x+1)$

(3) $(2x-3)(4x^2+6x+9)$

(4) $(2x-y)(4x^2+2xy+y^2)$

18

1 1
1 2 1
1 3 3 1
1 4 6 4 1
1 5 10 10 5 1
1 6 15 20 15 6 1
1 7 21 35 35 21 7 1
1 8 28 56 70 56 28 8 1

19 (1) $a^8+8a^7b+28a^6b^2+56a^5b^3+70a^4b^4$
$+56a^3b^5+28a^2b^6+8ab^7+b^8$

(2) $a^6+12a^5+60a^4+160a^3+240a^2+192a+64$

20 $a^4+12a^3+54a^2+108a+81$

21 $a^5-10a^4+40a^3-80a^2+80a-32$

22 (1) $\dfrac{2b^2}{a}$　(2) $\dfrac{b}{2a^2c}$

(3) $\dfrac{1}{5x}$　(4) $\dfrac{1}{2(x-2)}$

23 (1) $\dfrac{1}{x+3}$　(2) x

(3) $\dfrac{x+2}{x}$　(4) $\dfrac{x-1}{x-2}$

24 (1) $\dfrac{x-1}{x-2}$　(2) $\dfrac{x-2}{x(x-3)}$

(3) $\dfrac{x+1}{x-3}$　(4) x^2

25 (1) $\dfrac{x-7}{x+9}$　(2) $\dfrac{x-6}{x(x-1)}$

(3) 1　(4) $\dfrac{x-1}{x+6}$

26 (1) $\dfrac{2a}{a+2b}$　(2) $\dfrac{a+b}{2a-b}$

(3) 2　(4) $\dfrac{1}{x-y}$

27 (1) $\dfrac{9x+4y}{xy}$　(2) $\dfrac{3x}{(x-3)(x+6)}$

(3) $-\dfrac{1}{x}$　(4) $\dfrac{1}{x+3}$

28 (1) $\sqrt{3}i$ と $-\sqrt{3}i$

(2) $2i$ と $-2i$

(3) $2\sqrt{2}i$ と $-2\sqrt{2}i$

(4) i と $-i$

29 (1) $\sqrt{13}i$　(2) $3\sqrt{2}i$　(3) $8i$　(4) $-10i$

30 (1) $x=\pm\sqrt{6}i$　(2) $x=\pm 10i$

(3) $x=\pm\sqrt{11}i$　(4) $x=\pm 7i$

(5) $x=\pm\sqrt{3}i$

31 (1) $x=3,\ y=-1$　(2) $x=9,\ y=-6$

(3) $x=0,\ y=4$　(4) $x=8,\ y=0$

(5) $x=1,\ y=2$

32 (1) $12i$　(2) $3i$

(3) $5+2i$　(4) $1+i$

(5) $-3-7i$　(6) $4-4i$

33 (1) 27　(2) $-4+12i$

(3) $9+7i$　(4) $25-25i$

(5) $3-4i$　(6) 13

34 (1) $5-4i$　(2) $1+7i$

(3) $2-\sqrt{3}i$　(4) $-4+i$

(5) $6i$

35 (1) $\dfrac{4}{5}-\dfrac{7}{5}i$　(2) $\dfrac{7}{34}-\dfrac{11}{34}i$

(3) $\dfrac{1}{5}+\dfrac{2}{5}i$　(4) $1-\dfrac{3}{2}i$

36 (1) $x=\dfrac{-5\pm\sqrt{41}}{2}$　(2) $x=\dfrac{4\pm\sqrt{10}}{3}$

(3) $x=\dfrac{1}{2}$

37 (1) $x=\dfrac{-3\pm\sqrt{7}i}{8}$　(2) $x=\dfrac{-5\pm\sqrt{23}i}{6}$

(3) $x=2\pm\sqrt{2}i$

38 (1) 異なる 2 つの実数解である。

(2) 異なる 2 つの虚数解である。

(3) 重解である。

(4) 異なる 2 つの実数解である。

39 (1) $k<9$　(2) $k>\dfrac{9}{8}$　(3) $k\leqq 4$

40 (1) 和 $-\dfrac{7}{2}$，　積 2

(2) 和 -6，　積 4

(3) 和 $\dfrac{2}{3}$，　積 $\dfrac{5}{3}$

(4) 和 $\dfrac{3}{4}$，　積 $-\dfrac{1}{2}$

41 (1) 和 $-\dfrac{4}{3}$，　積 0

(2) 和 0，　積 8

(3) 和 0，　積 $-\dfrac{5}{3}$

(4) 和 -1，　積 -4

42 (1) ① $-\dfrac{3}{2}$　② 2　③ -3

(2) ① 15　② 39　③ 19

(3) ① $\dfrac{22}{9}$　② $\dfrac{40}{9}$　③ $-\dfrac{22}{9}$

43 (1) $x^2-7x+10=0$

(2) $x^2-3x-18=0$

(3) $x^2+3x-28=0$

(4) $x^2+11x+30=0$

(5) $x^2-5x=0$

44 (1) $x^2-10x+22=0$

(2) $x^2+2x-11=0$

(3) $x^2-6x+10=0$

(4) $x^2+8x+25=0$

45 (1) 商は $3x+2$，余りは -10

(2) 商は $2x+4$，余りは 1

46 (1) 商は x^2+3x+5，余りは 5

(2) 商は $x-4$，余りは $5x+5$

47 (1) $B=x-3$　(2) $B=3x-2$

48 (1) $B=x^2+2x-4$　(2) $B=x^2-3x+2$

49 (1) $P(1)=5,\ P(-1)=-1$

(2) $P(1)=3,\ P(-2)=-12$

(3) $P(2)=-6,\ P(-3)=39$

50 (1) 4　(2) -5　(3) 6　(4) 0

51 ②と③

52 ②と④

53 (1) $(x-1)(x^2-2x+3)$

(2) $(x+1)(2x^2-x+4)$

(3) $(x-2)(x^2+2x+3)$

54 (1) $x=0,\ -1,\ -2$　(2) $x=0,\ -1,\ 5$

(3) $x=0,\ \pm 3$　(4) $x=0,\ 2$

55 (1) $x=\pm\sqrt{2},\ \pm\sqrt{3}$

(2) $x=\pm 1,\ \pm 2$

(3) $x=\pm\sqrt{5},\ \pm 2i$

56 (1) $x=1,\ 3,\ -2$

(2) $x=-1,\ 2$

57 (1) $x=-1,\ \dfrac{3\pm\sqrt{7}i}{2}$

(2) $x=3,\ \dfrac{-1\pm\sqrt{17}}{2}$

58 $x=4$

59

(1) (左辺) $=(a-1)^2+4a$

$=(a^2-2a+1)+4a$

$=a^2+2a+1$

(右辺) $=(a+1)^2$

$=a^2+2a+1$

よって，(左辺) = (右辺) となるから

$(a-1)^2+4a=(a+1)^2$ が成り立つ。

(2) (左辺) $= (x+3y)^2+(3x-y)^2$

$= (x^2+6xy+9y^2)+(9x^2-6xy+y^2)$

$= 10x^2+10y^2$

(右辺) $= 10(x^2+y^2)$

$= 10x^2+10y^2$

よって，(左辺) = (右辺) となるから

$(x+3y)^2+(3x-y)^2=10(x^2+y^2)$ が成り立つ。

(3) (左辺) $= (a^2-1)(4-b^2)$

$= 4a^2-a^2b^2-4+b^2$

(右辺) $= (2a+b)^2-(ab+2)^2$

$= (4a^2+4ab+b^2)-(a^2b^2+4ab+4)$

$= 4a^2-a^2b^2-4+b^2$

よって，(左辺) = (右辺) となるから

$(a^2-1)(4-b^2)=(2a+b)^2-(ab+2)^2$

が成り立つ。

60 $a+b=2$ だから

$b=2-a$ ……①

証明する式の左辺と右辺に①を代入すると

(左辺) $= a^2+2b=a^2+2(2-a)$

$= a^2-2a+4$

(右辺) $= b^2+2a=(2-a)^2+2a$

$= 4-4a+a^2+2a=a^2-2a+4$

よって，(左辺)=(右辺) となるから

$a+b=2$ のとき，$a^2+2b=b^2+2a$ が

成り立つ。

61 $\dfrac{a}{b}=\dfrac{c}{d}=k$ とおくと

$a=bk$，$c=dk$ ……①

証明する式の左辺と右辺に①を代入すると

(左辺) $= \dfrac{a}{a+b}=\dfrac{bk}{bk+b}=\dfrac{bk}{b(k+1)}=\dfrac{k}{k+1}$

(右辺) $= \dfrac{c}{c+d}=\dfrac{dk}{dk+d}=\dfrac{dk}{d(k+1)}=\dfrac{k}{k+1}$

よって，(左辺) = (右辺) となるから

$\dfrac{a}{b}=\dfrac{c}{d}$ のとき，$\dfrac{a}{a+b}=\dfrac{c}{c+d}$ が成り立つ。

62

(1) (左辺) − (右辺) $= (a^2+1)-2a$

$= a^2-2a+1$

$= (a-1)^2 \geqq 0$

よって $(a^2+1)-2a \geqq 0$

したがって，$a^2+1 \geqq 2a$ が成り立つ。

(2) (左辺) − (右辺) $= (9x^2+y^2)-6xy$

$= 9x^2-6xy+y^2$

$= (3x-y)^2 \geqq 0$

よって $(9x^2+y^2)-6xy \geqq 0$

したがって，$9x^2+y^2 \geqq 6xy$ が成り立つ。

(3) (左辺) − (右辺) $= (x+1)^2-4x$

$= x^2+2x+1-4x$

$= x^2-2x+1$

$= (x-1)^2 \geqq 0$

よって $(x+1)^2-4x \geqq 0$

したがって，$(x+1)^2 \geqq 4x$ が成り立つ。

63

$a>0$ だから $\dfrac{25}{a}>0$

相加平均・相乗平均の関係より

$\dfrac{1}{2}\left(a+\dfrac{25}{a}\right) \geqq \sqrt{a \times \dfrac{25}{a}}=5$

よって $a+\dfrac{25}{a} \geqq 10$

64

$a>0$，$b>0$ だから $\dfrac{b}{a}>0$，$\dfrac{a}{b}>0$

相加平均・相乗平均の関係より

$\dfrac{1}{2}\left(\dfrac{b}{a}+\dfrac{a}{b}\right) \geqq \sqrt{\dfrac{b}{a} \times \dfrac{a}{b}}=1$

よって $\dfrac{b}{a}+\dfrac{a}{b} \geqq 2$

65 (1) $16a^4+96a^3+216a^2+216a+81$

(2) $a^4-8a^2+24-\dfrac{32}{a^2}+\dfrac{16}{a^4}$

(3) 15

66 (1) $k<-1$，$2<k$

(2) $-2<k<-1$

(3) $k>2$

67 (1) AB ＝ 5　(2) CD ＝ 9
(3) PQ ＝ 5　(4) OR ＝ $\sqrt{5}$

68 点 R は線分 AB を 1：3 に内分する。
点 S は線分 AB を 5：3 に内分する。

69
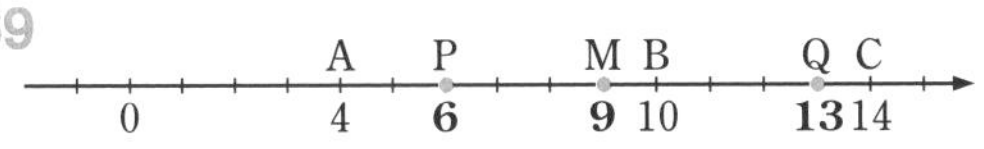

70 (1) $x=4$　(2) $x=7$
(3) $x=6$

71 (1) $x=1$　(2) $x=-5$
(3) $x=-1$

72 (1) 点 P は線分 AB を 5：1 に外分する。
(2) 点 Q は線分 AB を 7：3 に外分する。
(3) 点 R は線分 AB を 1：3 に外分する。

73 (1) $x=14$　(2) $x=-6$
(3) $x=-12$

74
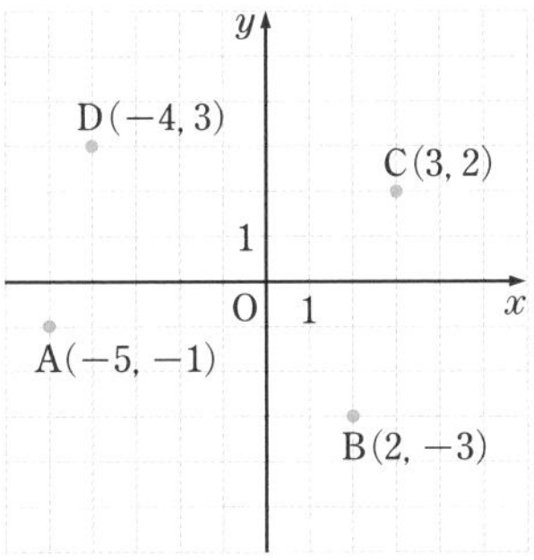

点 A は第 3 象限　点 B は第 4 象限
点 C は第 1 象限　点 D は第 2 象限

75 (1) AB ＝ $2\sqrt{5}$　(2) CD ＝ $5\sqrt{2}$
(3) EF ＝ 5　(4) OP ＝ $\sqrt{29}$

76 (2, 0)

77 (0, 7)

78 (4, 5)

79 (5, 3)

80 (8, 9)

81 (22, −18)

82 (2, 3)

83 (1, 0)

84
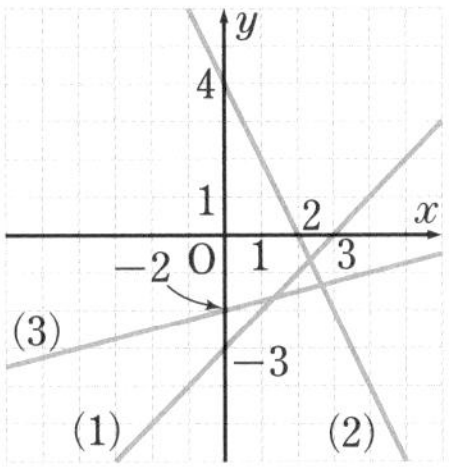

85 (1) $y=4x-5$　(2) $y=-3x+2$
(3) $y=\dfrac{3}{4}x-6$　(4) $y=-\dfrac{1}{2}x+3$

86 (1) $y=3x-2$　(2) $y=-x+6$

87 (1) $y=-6$　(2) $x=7$

88
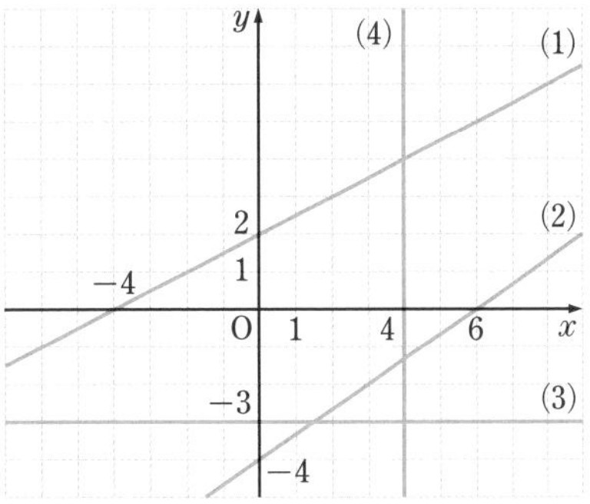

89 (1) (−2, 2)　(2) (1, −1)
(3) (−1, 2)

90 ①と③，②と④

91 $y=-3x-1$

92 (1) $m=-1$　(2) $m=-\dfrac{6}{5}$
(3) $m=\dfrac{3}{5}$

93 (1) $y=-\dfrac{1}{3}x+1$　(2) $y=\dfrac{5}{4}x+8$
(3) $y=\dfrac{1}{2}x+1$

94 $2\sqrt{5}$

95 (1) $(x-5)^2+(y+3)^2=4$
(2) $(x+3)^2+(y+1)^2=16$
(3) $(x+4)^2+(y-2)^2=3$
(4) $x^2+y^2=6$

96 (1) 中心の座標 (5, 4)，半径 3
(2) 中心の座標 (−3, −1)，半径 $\sqrt{5}$
(3) 中心の座標 (0, 3)，半径 6
(4) 中心の座標 (0, 0)，半径 $\sqrt{15}$

97 (1) $(x-4)^2+(y-5)^2=25$
(2) $(x+2)^2+(y-3)^2=9$
(3) $(x+4)^2+(y+2)^2=16$

98 (1) $(x-1)^2+(y-3)^2=25$
(2) $(x-3)^2+(y+1)^2=18$
(3) $(x+2)^2+(y-6)^2=20$

99 (1) 中心の座標 (3, −2)，半径 2
(2) 中心の座標 (2, −4)，半径 3
(3) 中心の座標 (−1, 3)，半径 1
(4) 中心の座標 (4, −1)，半径 4

100 (1) 中心の座標 (3, −4)，半径 5
(2) 中心の座標 (−5, 0)，半径 4
(3) 中心の座標 (6, 0)，半径 6
(4) 中心の座標 (0, 4)，半径 3

101 (1) (−2, −3)，(3, 2)
(2) (−3, 1)

102 (1) 2 個　(2) 共有点はない (0 個)

103 中心の座標 (−4, 0)，半径 6 の円

104 直線 $y=2x-3$

105 (1)

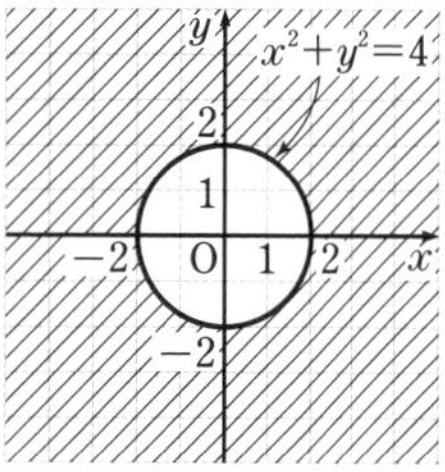

境界線を含む。

(2)

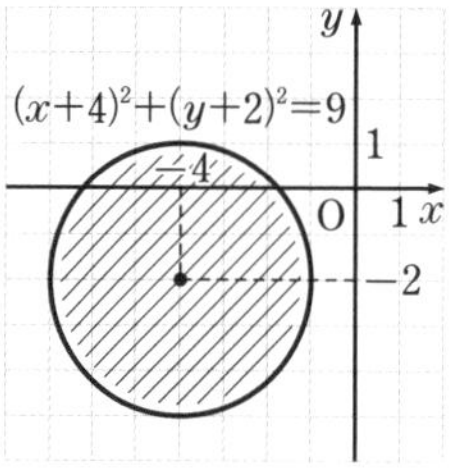

境界線を含まない。

106 (1)

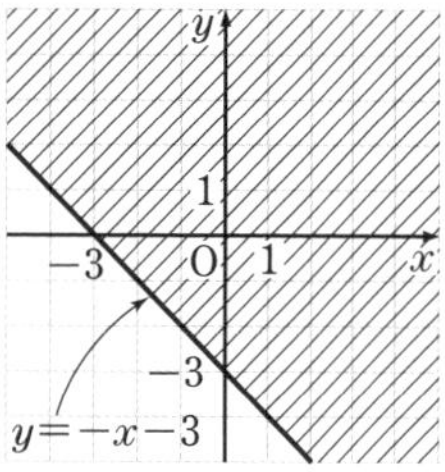

境界線を含む。

(2)

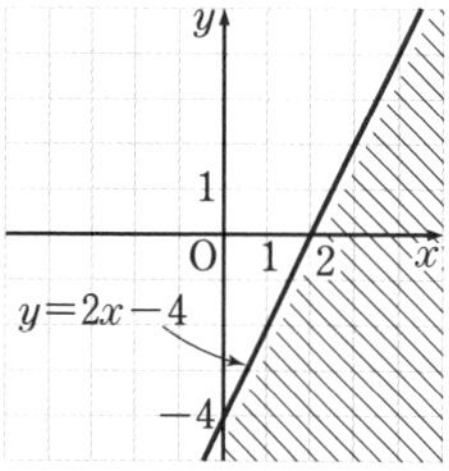

境界線を含まない。

107 (1)

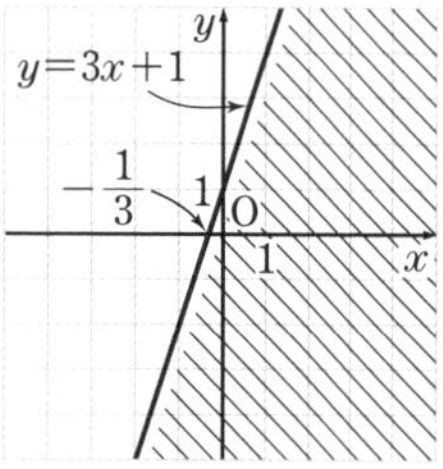

境界線を含まない。

(2)

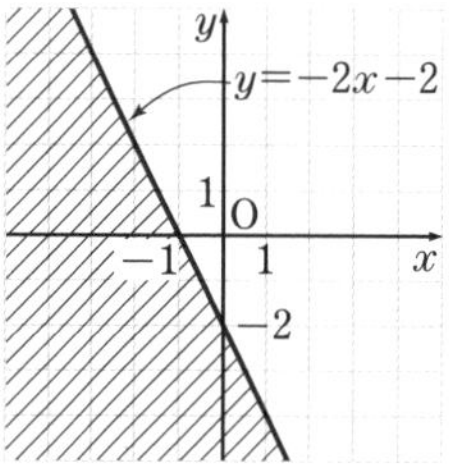

境界線を含む。

108 (1)

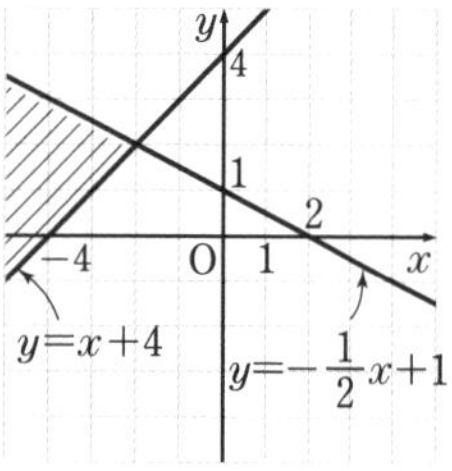

境界線を含まない。

(2)

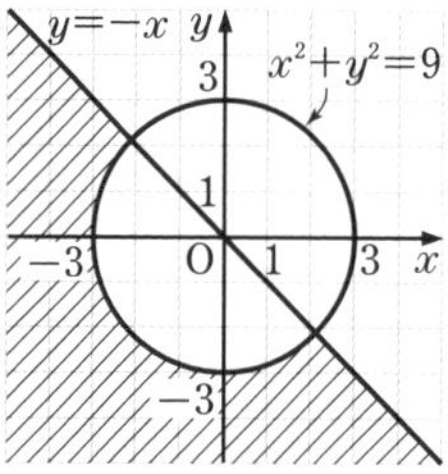

境界線を含む。

109 $x^2+y^2-4x+6y=0$

3章 いろいろな関数

110 (1)

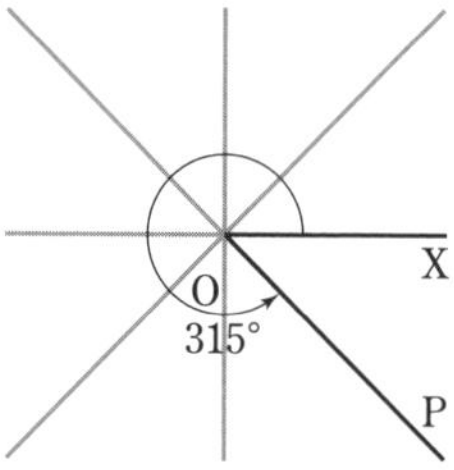

(2)

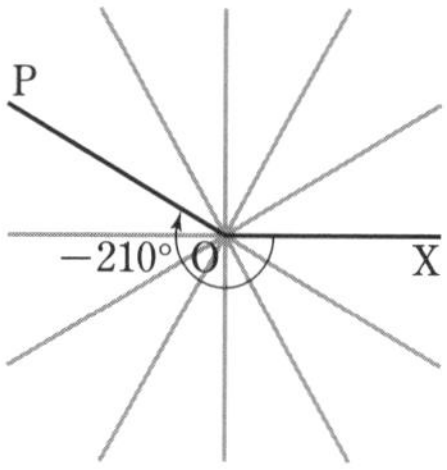

111 (1) $330°+360°\times1$

(2) $160°+360°\times3$

(3) $20°+360°\times(-2)$

112 (1) $\sin330°=-\frac{1}{2}$, $\cos330°=\frac{\sqrt{3}}{2}$

$\tan330°=-\frac{1}{\sqrt{3}}$

(2) $\sin(-135°)=-\frac{1}{\sqrt{2}}$, $\cos(-135°)=-\frac{1}{\sqrt{2}}$

$\tan(-135°)=1$

113 (1) 第 3 象限の角

(2) 第 1 象限の角

(3) 第 2 象限の角

(4) 第 4 象限の角

114 $\cos\theta=\frac{\sqrt{15}}{4}$, $\tan\theta=-\frac{1}{\sqrt{15}}$

115 $\sin\theta=-\frac{4}{5}$, $\tan\theta=\frac{4}{3}$

116 (1) $\frac{1}{2}$　(2) 0

117 (1) -0.4540　(2) -11.4301

118 (1) -0.2588　(2) -0.7660

(3) 2.1445

119

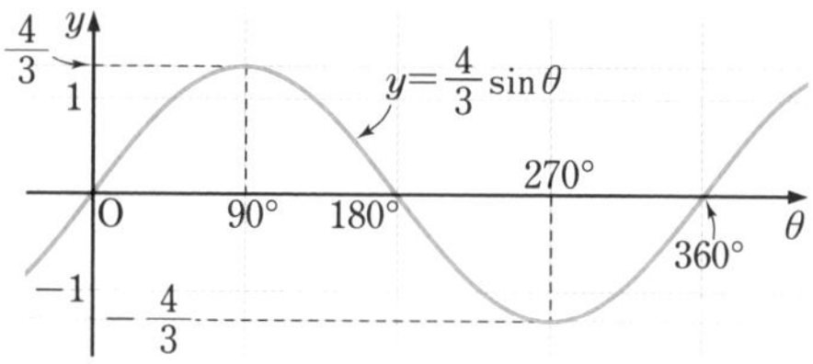

120

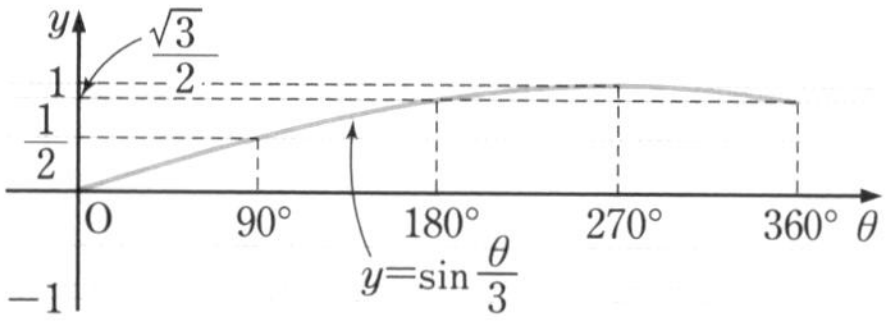

121

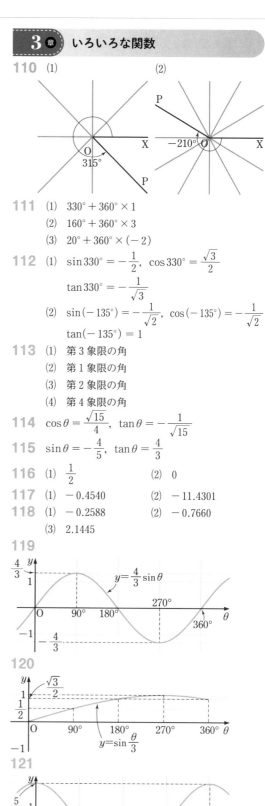

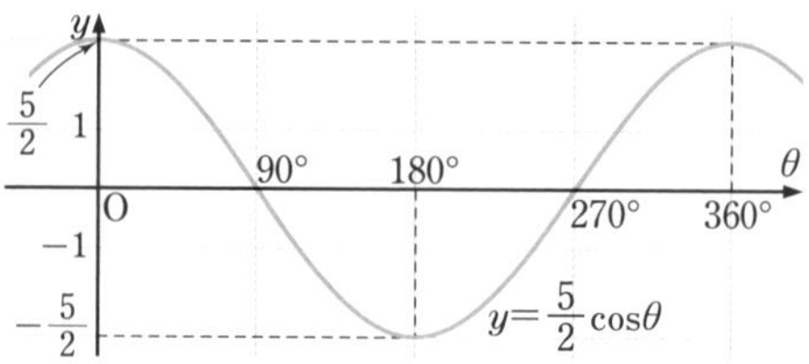

122

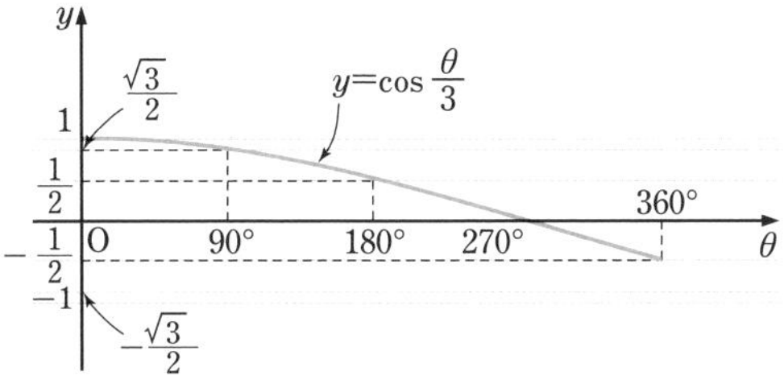

123

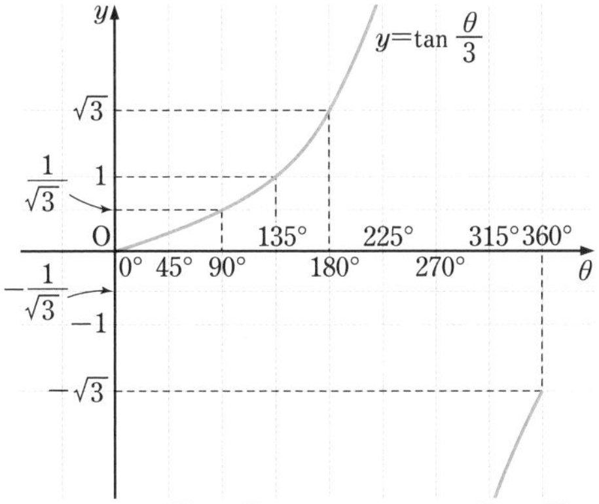

124 (1) $\dfrac{\sqrt{2}-\sqrt{6}}{4}$ (2) $\dfrac{-\sqrt{2}-\sqrt{6}}{4}$

125 (1) $\dfrac{\sqrt{6}-\sqrt{2}}{4}$ (2) $\dfrac{\sqrt{2}+\sqrt{6}}{4}$

126 $\sin 2\alpha = -\dfrac{3\sqrt{7}}{8}$, $\cos 2\alpha = \dfrac{1}{8}$

127 $\sin 2\alpha = -\dfrac{4\sqrt{2}}{9}$, $\cos 2\alpha = \dfrac{7}{9}$

128 $\sqrt{2}\sin(\theta - 135^\circ)$

129 $2\sqrt{2}\sin(\theta + 60^\circ)$

130 (1) $\dfrac{7}{6}\pi$ (2) $-\dfrac{9}{4}\pi$

131 (1) 252° (2) -540°

132 (1) $l = 10\pi$, $S = 60\pi$

(2) $l = \dfrac{14}{3}\pi$, $S = \dfrac{56}{3}\pi$

133 $\dfrac{1+\sqrt{3}}{1-\sqrt{3}}$

134 (1) a^{13} (2) a^{20}

(3) $32a^{15}$ (4) $27a^6b^{12}$

(5) $a^{10}b^7$

135 (1) 1 (2) 順に 5, 32

(3) 順に 2, 49

(4) 順に 4, 10000, 5000

136 (1) 64 (2) $\dfrac{1}{125}$

(3) 7 (4) 1

137 (1) 4 (2) 4

(3) $\dfrac{1}{9}$

138 (1) 2 (2) 3

(3) 1 (4) $\dfrac{1}{2}$

139 (1) 2 (2) $\sqrt[4]{6}$

(3) $\sqrt[6]{5}$ (4) 3

140 (1) $\sqrt[3]{100}$ (2) $\sqrt[4]{27}$

(3) 10 (4) $\dfrac{1}{3}$

141 (1) 3

(2) 順に 4, 3, 4, 27

(3) 順に 3, 1000

(4) 順に $\dfrac{2}{5}$, 5, 2, 5, 49

142 (1) 16 (2) 27

(3) $\dfrac{1}{27}$ (4) $\dfrac{1}{36}$

143 (1) 10 (2) 4

(3) 49 (4) 1

144 (1) 36 (2) 2 (3) 3

145 (1) 2 (2) 3 (3) $\dfrac{1}{5}$

146

x	…	-2	-1	0	1	2	…
y	…	$\frac{4}{9}$	$\frac{2}{3}$	1	$\frac{3}{2}$	$\frac{9}{4}$	…

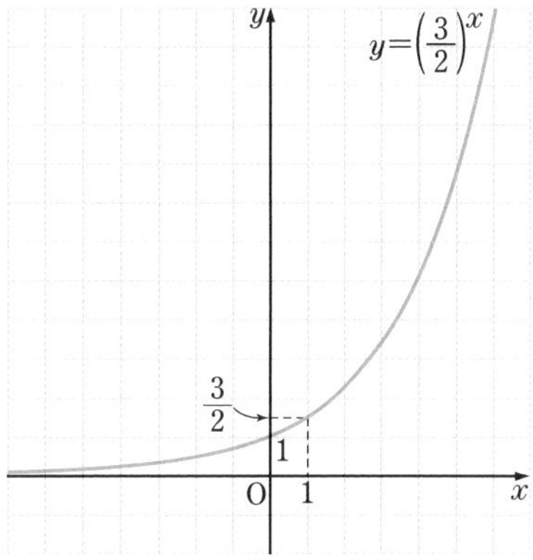

147

x	…	-2	-1	0	1	2	…
y	…	$\frac{9}{4}$	$\frac{3}{2}$	1	$\frac{2}{3}$	$\frac{4}{9}$	…

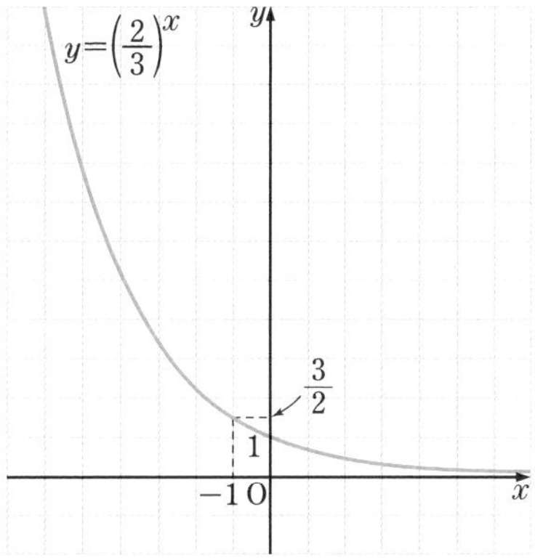

148 (1) $5^{-3} < 5^0 < 5^4$

(2) $\left(\dfrac{3}{10}\right)^0 > \left(\dfrac{3}{10}\right)^{\frac{5}{3}} > \left(\dfrac{3}{10}\right)^2$

149 (1) $x = 3$ (2) $x = -\dfrac{2}{3}$

(3) $x = \dfrac{1}{2}$

150 (1) $\log_5 125 = 3$　(2) $\log_3 \frac{1}{27} = -3$

(3) $\log_5 \sqrt{5} = \frac{1}{2}$　(4) $\log_{10} 10 = 1$

151 (1) $64 = 8^2$　(2) $128 = 2^7$

(3) $\sqrt{3} = 3^{\frac{1}{2}}$　(4) $1 = 7^0$

152 (1) 2　(2) 5

(3) 4　(4) 1

153 (1) -2　(2) -3

(3) -1　(4) 0

154 (1) 1　(2) 2　(3) 2

155 (1) 1　(2) 2　(3) -1

156 (1) $\frac{1}{2}$　(2) $\frac{1}{2}$　(3) 1

157 (1) 3　(2) 1　(3) 2

158

x	…	$\frac{1}{64}$	$\frac{1}{16}$	$\frac{1}{4}$	1	4	16	…
y	…	-3	-2	-1	0	1	2	…

159 (1) $\log_{10} 7 < \log_{10} 11$

(2) $\log_{\frac{1}{2}} 9 > \log_{\frac{1}{2}} 10$

160 (1) 0.3909　(2) 0.6803

(3) 0.8825　(4) 0.9201

161 (1) 1.5623　(2) 2.9832

(3) -1.0980

162 16 けたの整数

163 20 けたの整数

164 (1) $\frac{3}{2}$　(2) $\frac{1}{4}$　(3) $-\frac{2}{3}$

165 (1) 0　(2) 2

166 $x > \frac{3}{2}$

167 $x > \frac{5}{2}$

168 $x = \frac{9}{2}$

169 $0 < x < \frac{81}{5}$

4章 微分と積分

170 (1) 4　(2) 16

(3) 4　(4) 36

171 (1) 8　(2) 1　(3) -4

172 (1) 6　(2) 10

(3) -15　(4) -2

173 (1) 8　(2) -4

174 (1) 2　(2) $8x$

175 (1) 1　(2) $2x-5$

176 (1) $y' = -6x$

(2) $y' = 12x^2 - 2x$

(3) $y' = 6x^2 - 10x + 2$

(4) $y' = -15x^2 + 2x - 3$

177 (1) $y' = 2x + 10$

(2) $y' = 4x - 7$

(3) $y' = 15x^2 + 16x$

(4) $y' = 9x^2 - 48x + 48$

178 (1) -4　(2) 12

179 $y = -3x - 1$

180 (1) $1 < x$ のとき，y は増加し，
$x < 1$ のとき，y は減少する。

(2) $x < 2$ のとき，y は増加し，
$2 < x$ のとき，y は減少する。

181 (1) $x < 0$，$4 < x$ のとき，y は増加し，
$0 < x < 4$ のとき，y は減少する。

(2) $-2 < x < 2$ のとき，y は増加し，
$x < -2$，$2 < x$ のとき，y は減少する。

182 (1) $x = 2$ で極大となり，極大値は 9
極小値はない。

(2) $x = 2$ で極小となり，極小値は -2
極大値はない。

183 (1) $x = -1$ で極大となり，極大値は 5
$x = 3$ で極小となり，極小値は -27

(2) $x = 1$ で極大となり，極大値は 0
$x = -1$ で極小となり，極小値は -4

184 $x = 0$ で極大となり，極大値は 4
$x = 1$ で極小となり，極小値は 3
また，グラフは次の図のようになる。

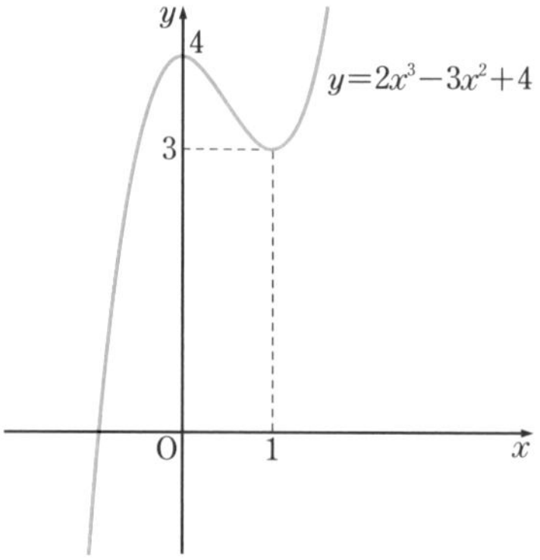

185 $x=1$ で極大となり，極大値は 10
$x=-3$ で極小となり，極小値は -22
また，グラフは次の図のようになる。

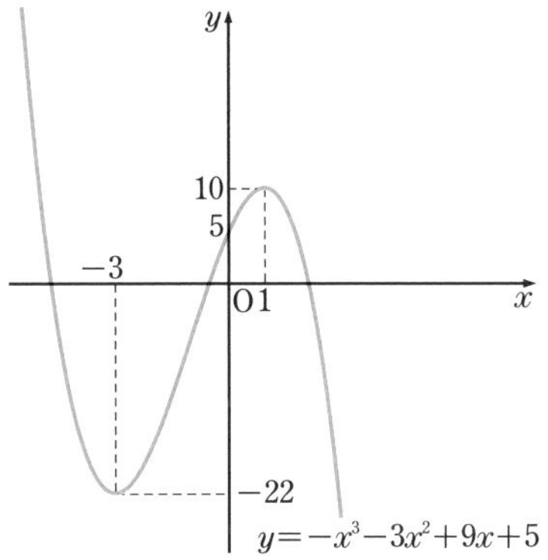

186 $x=0,\ 3$ のとき，最大値は 4
$x=-2$ のとき，最小値は -16

187 $x=2$ のとき，最大値は 8
$x=-2$ のとき，最小値は -24

188 3cm

189 (1) $\dfrac{x^8}{8}+C$　(2) $\dfrac{x^{10}}{10}+C$
(3) $\dfrac{x^{11}}{11}+C$　(4) $\dfrac{x^{12}}{12}+C$

190 (1) $\dfrac{5}{2}x^2+C$　(2) $-x^3+C$
(3) $8x+C$　(4) $\dfrac{x^3}{3}-x+C$

191 (1) $\dfrac{7}{2}x^2+x+C$
(2) $-2x^2+2x+C$
(3) $2x^3-4x^2+5x+C$
(4) $-x^3+\dfrac{x^2}{2}-4x+C$

192 (1) $\dfrac{2}{3}x^3-\dfrac{3}{2}x^2+C$
(2) $\dfrac{x^3}{3}-2x^2+4x+C$
(3) $\dfrac{x^3}{3}+x^2-15x+C$
(4) $3x^3-3x^2+x+C$

193 $F(x)=x^2+3x-4$

194 $F(x)=x^3-4x+5$

195 (1) $\dfrac{5}{2}$　(2) -4
(3) $\dfrac{16}{3}$　(4) 28

196 (1) 8　(2) $-\dfrac{9}{2}$
(3) 56　(4) $\dfrac{28}{3}$

197 (1) 8　(2) 15　(3) -10

198 (1) $-\dfrac{7}{6}$　(2) -27

199 (1) $\dfrac{19}{3}$　(2) 6

200 (1) $\dfrac{13}{3}$　(2) 12

201 36

202 $\dfrac{9}{2}$

203 9

204 4

205 $\dfrac{125}{6}$

206 $\dfrac{64}{3}$

207 $\dfrac{8}{3}$

ステップノート数学Ⅱ
表紙デザイン――エッジ・デザインオフィス
本文基本デザイン――エッジ・デザインオフィス

●編　者　実教出版編修部
●発行者　小田良次
●印刷所　株式会社太洋社

●発行所　実教出版株式会社
〒102-8377
東京都千代田区五番町 5
電話〈営業〉(03) 3238-7777
〈編修〉(03) 3238-7785
〈総務〉(03) 3238-7700
https://www.jikkyo.co.jp/

002402023
ISBN 978-4-407-35153-8

三角関数の表

θ	$\sin\theta$	$\cos\theta$	$\tan\theta$	θ	$\sin\theta$	$\cos\theta$	$\tan\theta$
0°	0.0000	1.0000	0.0000	45°	0.7071	0.7071	1.0000
1°	0.0175	0.9998	0.0175	46°	0.7193	0.6947	1.0355
2°	0.0349	0.9994	0.0349	47°	0.7314	0.6820	1.0724
3°	0.0523	0.9986	0.0524	48°	0.7431	0.6691	1.1106
4°	0.0698	0.9976	0.0699	49°	0.7547	0.6561	1.1504
5°	0.0872	0.9962	0.0875	50°	0.7660	0.6428	1.1918
6°	0.1045	0.9945	0.1051	51°	0.7771	0.6293	1.2349
7°	0.1219	0.9925	0.1228	52°	0.7880	0.6157	1.2799
8°	0.1392	0.9903	0.1405	53°	0.7986	0.6018	1.3270
9°	0.1564	0.9877	0.1584	54°	0.8090	0.5878	1.3764
10°	0.1736	0.9848	0.1763	55°	0.8192	0.5736	1.4281
11°	0.1908	0.9816	0.1944	56°	0.8290	0.5592	1.4826
12°	0.2079	0.9781	0.2126	57°	0.8387	0.5446	1.5399
13°	0.2250	0.9744	0.2309	58°	0.8480	0.5299	1.6003
14°	0.2419	0.9703	0.2493	59°	0.8572	0.5150	1.6643
15°	0.2588	0.9659	0.2679	60°	0.8660	0.5000	1.7321
16°	0.2756	0.9613	0.2867	61°	0.8746	0.4848	1.8040
17°	0.2924	0.9563	0.3057	62°	0.8829	0.4695	1.8807
18°	0.3090	0.9511	0.3249	63°	0.8910	0.4540	1.9626
19°	0.3256	0.9455	0.3443	64°	0.8988	0.4384	2.0503
20°	0.3420	0.9397	0.3640	65°	0.9063	0.4226	2.1445
21°	0.3584	0.9336	0.3839	66°	0.9135	0.4067	2.2460
22°	0.3746	0.9272	0.4040	67°	0.9205	0.3907	2.3559
23°	0.3907	0.9205	0.4245	68°	0.9272	0.3746	2.4751
24°	0.4067	0.9135	0.4452	69°	0.9336	0.3584	2.6051
25°	0.4226	0.9063	0.4663	70°	0.9397	0.3420	2.7475
26°	0.4384	0.8988	0.4877	71°	0.9455	0.3256	2.9042
27°	0.4540	0.8910	0.5095	72°	0.9511	0.3090	3.0777
28°	0.4695	0.8829	0.5317	73°	0.9563	0.2924	3.2709
29°	0.4848	0.8746	0.5543	74°	0.9613	0.2756	3.4874
30°	0.5000	0.8660	0.5774	75°	0.9659	0.2588	3.7321
31°	0.5150	0.8572	0.6009	76°	0.9703	0.2419	4.0108
32°	0.5299	0.8480	0.6249	77°	0.9744	0.2250	4.3315
33°	0.5446	0.8387	0.6494	78°	0.9781	0.2079	4.7046
34°	0.5592	0.8290	0.6745	79°	0.9816	0.1908	5.1446
35°	0.5736	0.8192	0.7002	80°	0.9848	0.1736	5.6713
36°	0.5878	0.8090	0.7265	81°	0.9877	0.1564	6.3138
37°	0.6018	0.7986	0.7536	82°	0.9903	0.1392	7.1154
38°	0.6157	0.7880	0.7813	83°	0.9925	0.1219	8.1443
39°	0.6293	0.7771	0.8098	84°	0.9945	0.1045	9.5144
40°	0.6428	0.7660	0.8391	85°	0.9962	0.0872	11.4301
41°	0.6561	0.7547	0.8693	86°	0.9976	0.0698	14.3007
42°	0.6691	0.7431	0.9004	87°	0.9986	0.0523	19.0811
43°	0.6820	0.7314	0.9325	88°	0.9994	0.0349	28.6363
44°	0.6947	0.7193	0.9657	89°	0.9998	0.0175	57.2900
45°	0.7071	0.7071	1.0000	90°	1.0000	0.0000	――

対数表（1）

数	0	1	2	3	4	5	6	7	8	9
1.0	.0000	.0043	.0086	.0128	.0170	.0212	.0253	.0294	.0334	.0374
1.1	.0414	.0453	.0492	.0531	.0569	.0607	.0645	.0682	.0719	.0755
1.2	.0792	.0828	.0864	.0899	.0934	.0969	.1004	.1038	.1072	.1106
1.3	.1139	.1173	.1206	.1239	.1271	.1303	.1335	.1367	.1399	.1430
1.4	.1461	.1492	.1523	.1553	.1584	.1614	.1644	.1673	.1703	.1732
1.5	.1761	.1790	.1818	.1847	.1875	.1903	.1931	.1959	.1987	.2014
1.6	.2041	.2068	.2095	.2122	.2148	.2175	.2201	.2227	.2253	.2279
1.7	.2304	.2330	.2355	.2380	.2405	.2430	.2455	.2480	.2504	.2529
1.8	.2553	.2577	.2601	.2625	.2648	.2672	.2695	.2718	.2742	.2765
1.9	.2788	.2810	.2833	.2856	.2878	.2900	.2923	.2945	.2967	.2989
2.0	.3010	.3032	.3054	.3075	.3096	.3118	.3139	.3160	.3181	.3201
2.1	.3222	.3243	.3263	.3284	.3304	.3324	.3345	.3365	.3385	.3404
2.2	.3424	.3444	.3464	.3483	.3502	.3522	.3541	.3560	.3579	.3598
2.3	.3617	.3636	.3655	.3674	.3692	.3711	.3729	.3747	.3766	.3784
2.4	.3802	.3820	.3838	.3856	.3874	.3892	.3909	.3927	.3945	.3962
2.5	.3979	.3997	.4014	.4031	.4048	.4065	.4082	.4099	.4116	.4133
2.6	.4150	.4166	.4183	.4200	.4216	.4232	.4249	.4265	.4281	.4298
2.7	.4314	.4330	.4346	.4362	.4378	.4393	.4409	.4425	.4440	.4456
2.8	.4472	.4487	.4502	.4518	.4533	.4548	.4564	.4579	.4594	.4609
2.9	.4624	.4639	.4654	.4669	.4683	.4698	.4713	.4728	.4742	.4757
3.0	.4771	.4786	.4800	.4814	.4829	.4843	.4857	.4871	.4886	.4900
3.1	.4914	.4928	.4942	.4955	.4969	.4983	.4997	.5011	.5024	.5038
3.2	.5051	.5065	.5079	.5092	.5105	.5119	.5132	.5145	.5159	.5172
3.3	.5185	.5198	.5211	.5224	.5237	.5250	.5263	.5276	.5289	.5302
3.4	.5315	.5328	.5340	.5353	.5366	.5378	.5391	.5403	.5416	.5428
3.5	.5441	.5453	.5465	.5478	.5490	.5502	.5514	.5527	.5539	.5551
3.6	.5563	.5575	.5587	.5599	.5611	.5623	.5635	.5647	.5658	.5670
3.7	.5682	.5694	.5705	.5717	.5729	.5740	.5752	.5763	.5775	.5786
3.8	.5798	.5809	.5821	.5832	.5843	.5855	.5866	.5877	.5888	.5899
3.9	.5911	.5922	.5933	.5944	.5955	.5966	.5977	.5988	.5999	.6010
4.0	.6021	.6031	.6042	.6053	.6064	.6075	.6085	.6096	.6107	.6117
4.1	.6128	.6138	.6149	.6160	.6170	.6180	.6191	.6201	.6212	.6222
4.2	.6232	.6243	.6253	.6263	.6274	.6284	.6294	.6304	.6314	.6325
4.3	.6335	.6345	.6355	.6365	.6375	.6385	.6395	.6405	.6415	.6425
4.4	.6435	.6444	.6454	.6464	.6474	.6484	.6493	.6503	.6513	.6522
4.5	.6532	.6542	.6551	.6561	.6571	.6580	.6590	.6599	.6609	.6618
4.6	.6628	.6637	.6646	.6656	.6665	.6675	.6684	.6693	.6702	.6712
4.7	.6721	.6730	.6739	.6749	.6758	.6767	.6776	.6785	.6794	.6803
4.8	.6812	.6821	.6830	.6839	.6848	.6857	.6866	.6875	.6884	.6893
4.9	.6902	.6911	.6920	.6928	.6937	.6946	.6955	.6964	.6972	.6981
5.0	.6990	.6998	.7007	.7016	.7024	.7033	.7042	.7050	.7059	.7067
5.1	.7076	.7084	.7093	.7101	.7110	.7118	.7126	.7135	.7143	.7152
5.2	.7160	.7168	.7177	.7185	.7193	.7202	.7210	.7218	.7226	.7235
5.3	.7243	.7251	.7259	.7267	.7275	.7284	.7292	.7300	.7308	.7316
5.4	.7324	.7332	.7340	.7348	.7356	.7364	.7372	.7380	.7388	.7396

ステップノート 数学II《解答編》

実教出版編修部 編

ウォームアップ

1

(1) $\frac{x}{3}\times\frac{y}{6}=\frac{x\times y}{3\times 6}=\boldsymbol{\frac{xy}{18}}$

(2) $\frac{x}{4}\div\left(-\frac{3}{5}\right)=\frac{x}{4}\times\left(-\frac{5}{3}\right)$

$=-\frac{x\times 5}{4\times 3}=\boldsymbol{-\frac{5x}{12}}$

(3) $\frac{x}{8}\times\frac{2y}{7}=\frac{x\times 2y}{8\times 7}=\boldsymbol{\frac{xy}{28}}$

(4) $\left(-\frac{a}{6}\right)\div\frac{5b}{18}=\left(-\frac{a}{6}\right)\times\frac{18}{5b}$

$=-\frac{a\times 18}{6\times 5b}=\boldsymbol{-\frac{3a}{5b}}$

2

(1) $\frac{x}{4}+\frac{2x-1}{4}=\frac{x+(2x-1)}{4}=\boldsymbol{\frac{3x-1}{4}}$

(2) $\frac{3x-7}{8}+\frac{x-5}{8}=\frac{(3x-7)+(x-5)}{8}$

$=\frac{4x-12}{8}$

$=\boldsymbol{\frac{x-3}{2}}$

(3) $\frac{3x+4}{5}-\frac{2x+3}{5}=\frac{(3x+4)-(2x+3)}{5}$

$=\frac{3x+4-2x-3}{5}$

$=\boldsymbol{\frac{x+1}{5}}$

(4) $\frac{x+3}{4}+\frac{x-1}{3}=\frac{(x+3)\times 3}{4\times 3}+\frac{(x-1)\times 4}{3\times 4}$

$=\frac{3x+9}{12}+\frac{4x-4}{12}$

$=\boldsymbol{\frac{7x+5}{12}}$

(5) $\frac{3x-y}{4}-\frac{x-y}{6}$

$=\frac{(3x-y)\times 3}{4\times 3}-\frac{(x-y)\times 2}{6\times 2}$

$=\frac{9x-3y}{12}-\frac{2x-2y}{12}=\frac{(9x-3y)-(2x-2y)}{12}$

$=\frac{9x-3y-2x+2y}{12}=\boldsymbol{\frac{7x-y}{12}}$

(6) $\frac{2x-y}{3}-\frac{x-11y}{6}=\frac{(2x-y)\times 2}{3\times 2}-\frac{x-11y}{6}$

$=\frac{4x-2y}{6}-\frac{x-11y}{6}$

$=\frac{(4x-2y)-(x-11y)}{6}$

$=\frac{4x-2y-x+11y}{6}$

$=\frac{3x+9y}{6}=\boldsymbol{\frac{x+3y}{2}}$

3

(1) $x^5\times 6x^4=6x^{5+4}=\boldsymbol{6x^9}$

(2) $3x^2y\times(-5xy^3)=-15x^{2+1}y^{1+3}$

$=\boldsymbol{-15x^3y^4}$

(3) $(-4ab^3)^3=(-4)^3a^3b^{3\times 3}=\boldsymbol{-64a^3b^9}$

(4) $(-2x^3)^2\times(-3xy^4)$

$=(-2)^2x^{3\times 2}\times(-3xy^4)$

$=4x^6\times(-3xy^4)$

$=\boldsymbol{-12x^7y^4}$

4

(1) 解の公式に，$a=2$，$b=7$，$c=1$ を代入して

$x=\frac{-7\pm\sqrt{7^2-4\times 2\times 1}}{2\times 2}$

$=\frac{-7\pm\sqrt{49-8}}{4}$

$=\boldsymbol{\frac{-7\pm\sqrt{41}}{4}}$

(2) 解の公式に，$a=3$，$b=-4$，$c=-5$ を代入して

$x=\frac{-(-4)\pm\sqrt{(-4)^2-4\times 3\times(-5)}}{2\times 3}$

$=\frac{4\pm\sqrt{16+60}}{6}$

$=\frac{4\pm\sqrt{76}}{6}$

$=\frac{4\pm 2\sqrt{19}}{6}$

$=\boldsymbol{\frac{2\pm\sqrt{19}}{3}}$

(3) 解の公式に，$a=2$，$b=3$，$c=-2$ を代入して

$x=\frac{-3\pm\sqrt{3^2-4\times 2\times(-2)}}{2\times 2}$

$=\frac{-3\pm\sqrt{9+16}}{4}=\frac{-3\pm\sqrt{25}}{4}=\frac{-3\pm 5}{4}$

よって　$x=\frac{-3+5}{4}=\frac{2}{4}=\frac{1}{2}$

$x=\frac{-3-5}{4}=\frac{-8}{4}=-2$

したがって　$\boldsymbol{x=\frac{1}{2},\ -2}$

(4) 解の公式に，$a=3$，$b=-1$，$c=-2$ を代入して

$x=\frac{-(-1)\pm\sqrt{(-1)^2-4\times 3\times(-2)}}{2\times 3}$

$=\frac{1\pm\sqrt{1+24}}{6}=\frac{1\pm\sqrt{25}}{6}=\frac{1\pm 5}{6}$

よって　$x=\frac{1+5}{6}=\frac{6}{6}=1$

$x=\frac{1-5}{6}=\frac{-4}{6}=-\frac{2}{3}$

したがって　$\boldsymbol{x=1,\ -\frac{2}{3}}$

(5) 解の公式に，$a=1$，$b=-8$，$c=16$ を代入して

$$x=\frac{-(-8)\pm\sqrt{(-8)^2-4\times1\times16}}{2\times1}$$
$$=\frac{8\pm\sqrt{64-64}}{2}$$
$$=\frac{8\pm\sqrt{0}}{2}$$
$$=\frac{8}{2}=\mathbf{4}$$

(6) 解の公式に，$a=9$，$b=12$，$c=4$ を代入して

$$x=\frac{-12\pm\sqrt{12^2-4\times9\times4}}{2\times9}$$
$$=\frac{-12\pm\sqrt{144-144}}{18}$$
$$=\frac{-12\pm\sqrt{0}}{18}$$
$$=-\frac{12}{18}=-\frac{\mathbf{2}}{\mathbf{3}}$$

5

(1) ${}_6C_2=\dfrac{6\times5}{2\times1}=\mathbf{15}$

(2) ${}_8C_3=\dfrac{8\times7\times6}{3\times2\times1}=\mathbf{56}$

(3) ${}_9C_4=\dfrac{9\times8\times7\times6}{4\times3\times2\times1}=\mathbf{126}$

(4) ${}_3C_1=\dfrac{3}{1}=\mathbf{3}$

(5) ${}_4C_4=\dfrac{4\times3\times2\times1}{4\times3\times2\times1}=\mathbf{1}$

(6) ${}_8C_0=\mathbf{1}$

1章 複素数と方程式

6

(1) $(x+1)(x-1)=x^2-1^2$
$=\boldsymbol{x^2-1}$

(2) $(x+5)(x-5)=x^2-5^2$
$=\boldsymbol{x^2-25}$

(3) $(3x+1)(3x-1)=(3x)^2-1^2$
$=\boldsymbol{9x^2-1}$

(4) $(3x-4)(3x+4)=(3x)^2-4^2$
$=\boldsymbol{9x^2-16}$

(5) $(2x+5)(2x-5)=(2x)^2-5^2$
$=\boldsymbol{4x^2-25}$

7

(1) $(x+2)^2=x^2+2\times x\times2+2^2$
$=\boldsymbol{x^2+4x+4}$

(2) $(2x+3)^2=(2x)^2+2\times(2x)\times3+3^2$
$=\boldsymbol{4x^2+12x+9}$

(3) $(5x+1)^2=(5x)^2+2\times(5x)\times1+1^2$
$=\boldsymbol{25x^2+10x+1}$

(4) $(2x-5)^2=(2x)^2-2\times(2x)\times5+5^2$
$=\boldsymbol{4x^2-20x+25}$

(5) $(3x-2)^2=(3x)^2-2\times(3x)\times2+2^2$
$=\boldsymbol{9x^2-12x+4}$

8

(1) $(x+5)(x+7)$
$=x^2+(5+7)x+5\times7$
$=\boldsymbol{x^2+12x+35}$

(2) $(x-1)(x+5)$
$=x^2+\{(-1)+5\}x+(-1)\times5$
$=\boldsymbol{x^2+4x-5}$

(3) $(x+5)(x-6)$
$=x^2+\{5+(-6)\}x+5\times(-6)$
$=\boldsymbol{x^2-x-30}$

(4) $(x-4)(x-6)$
$=x^2+\{(-4)+(-6)\}x+(-4)\times(-6)$
$=\boldsymbol{x^2-10x+24}$

(5) $(x+9)(x-8)$
$=x^2+\{9+(-8)\}x+9\times(-8)$
$=\boldsymbol{x^2+x-72}$

9

(1) $(3x+2)(2x+1)$
$=(3\times2)x^2+(3\times1+2\times2)x+2\times1$
$=\boldsymbol{6x^2+7x+2}$

(2) $(2x+5)(3x-4)$
$=(2\times3)x^2+\{2\times(-4)+5\times3\}x+5\times(-4)$
$=\boldsymbol{6x^2+7x-20}$

(3) $(4x-7)(3x+1)$

$= (4\times 3)x^2 + \{4\times 1 + (-7)\times 3\}x + (-7)\times 1$

$= \mathbf{12x^2 - 17x - 7}$

(4) $(2x-5)(5x-3)$

$= (2\times 5)x^2 + \{2\times(-3) + (-5)\times 5\}x + (-5)\times(-3)$

$= \mathbf{10x^2 - 31x + 15}$

(5) $(3x-7)(2x-9)$

$= (3\times 2)x^2 + \{3\times(-9) + (-7)\times 2\}x + (-7)\times(-9)$

$= \mathbf{6x^2 - 41x + 63}$

10

(1) $(x+4)^3 = x^3 + 3\times x^2\times 4 + 3\times x\times 4^2 + 4^3$

$= \mathbf{x^3 + 12x^2 + 48x + 64}$

(2) $(2x+3)^3 = (2x)^3 + 3\times(2x)^2\times 3 + 3\times(2x)\times 3^2 + 3^3$

$= \mathbf{8x^3 + 36x^2 + 54x + 27}$

(3) $(3x+2)^3 = (3x)^3 + 3\times(3x)^2\times 2 + 3\times(3x)\times 2^2 + 2^3$

$= \mathbf{27x^3 + 54x^2 + 36x + 8}$

(4) $(4x+1)^3 = (4x)^3 + 3\times(4x)^2\times 1 + 3\times(4x)\times 1^2 + 1^3$

$= \mathbf{64x^3 + 48x^2 + 12x + 1}$

11

(1) $(x-1)^3 = x^3 - 3\times x^2\times 1 + 3\times x\times 1^2 - 1^3$

$= \mathbf{x^3 - 3x^2 + 3x - 1}$

(2) $(x-3)^3 = x^3 - 3\times x^2\times 3 + 3\times x\times 3^2 - 3^3$

$= \mathbf{x^3 - 9x^2 + 27x - 27}$

(3) $(2x-5)^3 = (2x)^3 - 3\times(2x)^2\times 5 + 3\times(2x)\times 5^2 - 5^3$

$= \mathbf{8x^3 - 60x^2 + 150x - 125}$

(4) $(4x-3)^3 = (4x)^3 - 3\times(4x)^2\times 3 + 3\times(4x)\times 3^2 - 3^3$

$= \mathbf{64x^3 - 144x^2 + 108x - 27}$

12

(1) $4a^2 + 6a = 2a\times 2a + 2a\times 3$

$= \mathbf{2a(2a+3)}$

(2) $6x^2y - 15xy^2 = 3xy\times 2x - 3xy\times 5y$

$= \mathbf{3xy(2x-5y)}$

(3) $x^2 - 36 = x^2 - 6^2$

$= \mathbf{(x+6)(x-6)}$

(4) $4x^2 - 25 = (2x)^2 - 5^2$

$= \mathbf{(2x+5)(2x-5)}$

(5) $36x^2 - 49 = (6x)^2 - 7^2$

$= \mathbf{(6x+7)(6x-7)}$

13

(1) $x^2 + 10x + 25 = x^2 + 2\times x\times 5 + 5^2$

$= \mathbf{(x+5)^2}$

(2) $x^2 + 16x + 64 = x^2 + 2\times x\times 8 + 8^2$

$= \mathbf{(x+8)^2}$

(3) $x^2 - 12x + 36 = x^2 - 2\times x\times 6 + 6^2$

$= \mathbf{(x-6)^2}$

(4) $x^2 - 18x + 81 = x^2 - 2\times x\times 9 + 9^2$

$= \mathbf{(x-9)^2}$

(5) $9x^2 + 6x + 1 = (3x)^2 + 2\times(3x)\times 1 + 1^2$

$= \mathbf{(3x+1)^2}$

14

(1) $x^2 + 7x + 10 = x^2 + (5+2)x + 5\times 2$

$= \mathbf{(x+5)(x+2)}$

(2) $x^2 + 11x + 30 = x^2 + (6+5)x + 6\times 5$

$= \mathbf{(x+6)(x+5)}$

(3) $x^2 + 6x - 16 = x^2 + \{8 + (-2)\}x + 8\times(-2)$

$= \mathbf{(x+8)(x-2)}$

(4) $x^2 - 6x + 8 = x^2 + \{(-2) + (-4)\}x + (-2)\times(-4)$

$= \mathbf{(x-2)(x-4)}$

(5) $x^2 - 4x - 21 = x^2 + \{3 + (-7)\}x + 3\times(-7)$

$= \mathbf{(x+3)(x-7)}$

15

(1)
$$\begin{array}{ccccc} 3 & & 1 & & \\ \hline 1 & \times & 1 & \rightarrow & 3 \\ 3 & & 1 & \rightarrow & 1 \\ \hline & & & & 4 \end{array}$$

よって　$3x^2 + 4x + 1 = \mathbf{(x+1)(3x+1)}$

(2)
$$\begin{array}{ccccc} 2 & & 6 & & \\ \hline 1 & \times & 2 & \rightarrow & 4 \\ 2 & & 3 & \rightarrow & 3 \\ \hline & & & & 7 \end{array}$$

よって　$2x^2 + 7x + 6 = \mathbf{(x+2)(2x+3)}$

(3)
$$\begin{array}{ccccc} 3 & & -2 & & \\ \hline 1 & \times & 2 & \rightarrow & 6 \\ 3 & & -1 & \rightarrow & -1 \\ \hline & & & & 5 \end{array}$$

よって　$3x^2 + 5x - 2 = \mathbf{(x+2)(3x-1)}$

(4)
$$\begin{array}{ccccc} 5 & & 6 & & \\ \hline 1 & \times & -3 & \rightarrow & -15 \\ 5 & & -2 & \rightarrow & -2 \\ \hline & & & & -17 \end{array}$$

よって　$5x^2 - 17x + 6 = \mathbf{(x-3)(5x-2)}$

(5)
$$\begin{array}{ccccc} 3 & & -8 & & \\ \hline 1 & \times & -2 & \rightarrow & -6 \\ 3 & & 4 & \rightarrow & 4 \\ \hline & & & & -2 \end{array}$$

よって　$3x^2 - 2x - 8 = \mathbf{(x-2)(3x+4)}$

16

(1) $x^3 + 64 = x^3 + 4^3$

$= (x+4)(x^2 - x\times 4 + 4^2)$

$= \mathbf{(x+4)(x^2 - 4x + 16)}$

(2) $8x^3 + 1 = (2x)^3 + 1^3$

$= (2x+1)\{(2x)^2 - (2x)\times 1 + 1^2\}$

$= \mathbf{(2x+1)(4x^2 - 2x + 1)}$

(3) $27x^3 + 8 = (3x)^3 + 2^3$

$= (3x+2)\{(3x)^2 - (3x)\times 2 + 2^2\}$

$= \mathbf{(3x+2)(9x^2 - 6x + 4)}$

(4) $x^3+27y^3=x^3+(3y)^3$

$=(x+3y)\{x^2-x\times(3y)+(3y)^2\}$

$=\boldsymbol{(x+3y)(x^2-3xy+9y^2)}$

17

(1) $x^3-1=x^3-1^3$

$=(x-1)(x^2+x\times1+1^2)$

$=\boldsymbol{(x-1)(x^2+x+1)}$

(2) $27x^3-1=(3x)^3-1^3$

$=(3x-1)\{(3x)^2+(3x)\times1+1^2\}$

$=\boldsymbol{(3x-1)(9x^2+3x+1)}$

(3) $8x^3-27=(2x)^3-3^3$

$=(2x-3)\{(2x)^2+(2x)\times3+3^2\}$

$=\boldsymbol{(2x-3)(4x^2+6x+9)}$

(4) $8x^3-y^3=(2x)^3-y^3$

$=(2x-y)\{(2x)^2+(2x)\times y+y^2\}$

$=\boldsymbol{(2x-y)(4x^2+2xy+y^2)}$

18

1 1

1 2 1

1 3 3 1

1 4 6 4 1

1 **5** **10** **10** **5** 1

1 **6** **15** **20** **15** **6** 1

1 **7** **21** **35** **35** **21** **7** 1

1 **8** **28** **56** **70** **56** **28** **8** 1

19

(1) $n=8$ のとき 1 8 28 56 70 56 28 8 1

よって，展開した式は

$(a+b)^8$

$=\boldsymbol{a^8+8a^7b+28a^6b^2+56a^5b^3+70a^4b^4}$

$\boldsymbol{+56a^3b^5+28a^2b^6+8ab^7+b^8}$

(2) $n=6$ のとき 1 6 15 20 15 6 1

よって，展開した式は

$(a+2)^6$

$=a^6+6\times a^5\times2+15\times a^4\times2^2+20\times a^3\times2^3$

$+15\times a^2\times2^4+6\times a\times2^5+2^6$

$=\boldsymbol{a^6+12a^5+60a^4+160a^3+240a^2+192a+64}$

20

$(a+3)^4$

$={}_4C_0\,a^4+{}_4C_1\,a^3\times3+{}_4C_2\,a^2\times3^2+{}_4C_3\,a\times3^3+{}_4C_4\,3^4$

$=\boldsymbol{a^4+12a^3+54a^2+108a+81}$

21

$(a-2)^5=\{a+(-2)\}^5$

$={}_5C_0\,a^5+{}_5C_1\,a^4\times(-2)+{}_5C_2\,a^3\times(-2)^2$

$+{}_5C_3\,a^2\times(-2)^3+{}_5C_4\,a\times(-2)^4+{}_5C_5\,(-2)^5$

$=\boldsymbol{a^5-10a^4+40a^3-80a^2+80a-32}$

22

(1) $\dfrac{4a^2b^3}{2a^3b}=\boldsymbol{\dfrac{2b^2}{a}}$

(2) $\dfrac{3ab^2}{6a^3bc}=\boldsymbol{\dfrac{b}{2a^2c}}$

(3) $\dfrac{x+1}{5x(x+1)}=\boldsymbol{\dfrac{1}{5x}}$

(4) $\dfrac{2x}{4x(x-2)}=\boldsymbol{\dfrac{1}{2(x-2)}}$

23

(1) $\dfrac{x}{x^2+3x}=\dfrac{x}{x(x+3)}=\boldsymbol{\dfrac{1}{x+3}}$

(2) $\dfrac{x^2+2x}{x+2}=\dfrac{x(x+2)}{x+2}=\boldsymbol{x}$

(3) $\dfrac{x^2-3x-10}{x(x-5)}=\dfrac{(x+2)(x-5)}{x(x-5)}=\boldsymbol{\dfrac{x+2}{x}}$

(4) $\dfrac{x^2-3x+2}{x^2-4x+4}=\dfrac{(x-2)(x-1)}{(x-2)^2}=\boldsymbol{\dfrac{x-1}{x-2}}$

24

(1) $\dfrac{x-1}{x+3}\times\dfrac{x+3}{x-2}=\boldsymbol{\dfrac{x-1}{x-2}}$

(2) $\dfrac{x-2}{x(x+4)}\times\dfrac{x+4}{x-3}=\boldsymbol{\dfrac{x-2}{x(x-3)}}$

(3) $\dfrac{x^2-1}{x^2-x-6}\times\dfrac{x+2}{x-1}=\dfrac{(x+1)(x-1)}{(x+2)(x-3)}\times\dfrac{x+2}{x-1}$

$=\boldsymbol{\dfrac{x+1}{x-3}}$

(4) $\dfrac{x^2+x}{x-6}\times\dfrac{x^2-6x}{x+1}=\dfrac{x(x+1)}{x-6}\times\dfrac{x(x-6)}{x+1}$

$=\boldsymbol{x^2}$

25

(1) $\dfrac{x-7}{x+5}\div\dfrac{x+9}{x+5}=\dfrac{x-7}{x+5}\times\dfrac{x+5}{x+9}$

$=\boldsymbol{\dfrac{x-7}{x+9}}$

(2) $\dfrac{x-6}{x(x+9)}\div\dfrac{x-1}{x+9}=\dfrac{x-6}{x(x+9)}\times\dfrac{x+9}{x-1}$

$=\boldsymbol{\dfrac{x-6}{x(x-1)}}$

(3) $\dfrac{x^2-3x-4}{x^2+7x+6}\div\dfrac{x-4}{x+6}=\dfrac{x^2-3x-4}{x^2+7x+6}\times\dfrac{x+6}{x-4}$

$=\dfrac{(x+1)(x-4)}{(x+1)(x+6)}\times\dfrac{x+6}{x-4}$

$=\boldsymbol{1}$

(4) $\dfrac{x-6}{x}\div\dfrac{x^2-36}{x^2-x}=\dfrac{x-6}{x}\times\dfrac{x^2-x}{x^2-36}$

$=\dfrac{x-6}{x}\times\dfrac{x(x-1)}{(x+6)(x-6)}$

$=\boldsymbol{\dfrac{x-1}{x+6}}$

26

(1) $\dfrac{a+b}{a+2b}+\dfrac{a-b}{a+2b}=\dfrac{(a+b)+(a-b)}{a+2b}$

$=\boldsymbol{\dfrac{2a}{a+2b}}$

(2) $\dfrac{2a}{2a-b}-\dfrac{a-b}{2a-b}=\dfrac{2a-(a-b)}{2a-b}$

$=\boldsymbol{\dfrac{a+b}{2a-b}}$

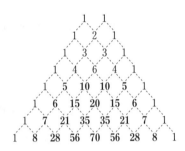

(3) $\dfrac{3x+2}{x+4}-\dfrac{x-6}{x+4}=\dfrac{(3x+2)-(x-6)}{x+4}$

$=\dfrac{2x+8}{x+4}$

$=\dfrac{2(x+4)}{x+4}$

$=\mathbf{2}$

(4) $\dfrac{x}{x^2-y^2}+\dfrac{y}{x^2-y^2}=\dfrac{x+y}{x^2-y^2}$

$=\dfrac{x+y}{(x+y)(x-y)}$

$=\boldsymbol{\dfrac{1}{x-y}}$

27

(1) $\dfrac{4}{x}+\dfrac{9}{y}=\dfrac{4y}{xy}+\dfrac{9x}{xy}$

$=\boldsymbol{\dfrac{9x+4y}{xy}}$

(2) $\dfrac{1}{x-3}+\dfrac{2}{x+6}$

$=\dfrac{x+6}{(x-3)(x+6)}+\dfrac{2(x-3)}{(x-3)(x+6)}$

$=\boldsymbol{\dfrac{3x}{(x-3)(x+6)}}$

(3) $\dfrac{x-y}{xy}-\dfrac{1}{y}=\dfrac{x-y}{xy}-\dfrac{x}{xy}$

$=\dfrac{-y}{xy}=\boldsymbol{-\dfrac{1}{x}}$

(4) $\dfrac{1}{x+2}-\dfrac{1}{(x+2)(x+3)}$

$=\dfrac{x+3}{(x+2)(x+3)}-\dfrac{1}{(x+2)(x+3)}$

$=\dfrac{x+2}{(x+2)(x+3)}$

$=\boldsymbol{\dfrac{1}{x+3}}$

28

(1) $\boldsymbol{\sqrt{3}i}$ と $\boldsymbol{-\sqrt{3}i}$

(2) $\boldsymbol{2i}$ と $\boldsymbol{-2i}$

(3) $\boldsymbol{2\sqrt{2}i}$ と $\boldsymbol{-2\sqrt{2}i}$

(4) $\boldsymbol{i}$ と $\boldsymbol{-i}$

29

(1) $\sqrt{-13}=\boldsymbol{\sqrt{13}i}$

(2) $\sqrt{-18}=\sqrt{18}i=\boldsymbol{3\sqrt{2}i}$

(3) $\sqrt{-64}=\sqrt{64}i=\boldsymbol{8i}$

(4) $-\sqrt{-100}=-\sqrt{100}i=\boldsymbol{-10i}$

30

(1) $x^2=-6$ だから

$x=\pm\sqrt{-6}=\boldsymbol{\pm\sqrt{6}i}$

(2) $x^2=-100$ だから

$x=\pm\sqrt{-100}=\pm\sqrt{100}i=\boldsymbol{\pm 10i}$

(3) $x^2=-11$ だから

$x=\pm\sqrt{-11}=\boldsymbol{\pm\sqrt{11}i}$

(4) $x^2=-49$ だから

$x=\pm\sqrt{-49}=\pm\sqrt{49}i=\boldsymbol{\pm 7i}$

(5) $2x^2=-6$ すなわち $x^2=-3$ だから

$x=\pm\sqrt{-3}=\boldsymbol{\pm\sqrt{3}i}$

31

(1) $x+1=4$ かつ $y-1=-2$ だから

$\boldsymbol{x=3,\ y=-1}$

(2) $x-3=6$ かつ $y+5=-1$ だから

$\boldsymbol{x=9,\ y=-6}$

(3) $x=0$ かつ $y-3=1$ だから

$\boldsymbol{x=0,\ y=4}$

(4) $x-5=3$ かつ $y=0$ だから

$\boldsymbol{x=8,\ y=0}$

(5) $x+4=5$ かつ $2=y$ だから

$\boldsymbol{x=1,\ y=2}$

32

(1) $8i+4i=(8+4)i$

$=\boldsymbol{12i}$

(2) $5i-8i+6i=(5-8+6)i$

$=\boldsymbol{3i}$

(3) $(3+5i)+(2-3i)$

$=(3+2)+(5-3)i$

$=\boldsymbol{5+2i}$

(4) $(-3-i)+(4+2i)$

$=(-3+4)+(-1+2)i$

$=\boldsymbol{1+i}$

(5) $(2-3i)-(5+4i)$

$=(2-5)+(-3-4)i$

$=\boldsymbol{-3-7i}$

(6) $(4-i)-3i=4+(-1-3)i$

$=\boldsymbol{4-4i}$

33

(1) $-3i\times 9i=-27i^2$

$=-27\times(-1)$

$=\mathbf{27}$

(2) $4i(3+i)=12i+4i^2$

$=12i+4\times(-1)$

$=\boldsymbol{-4+12i}$

(3) $(2+i)(5+i)=10+2i+5i+i^2$

$=10+7i-1$

$=\boldsymbol{9+7i}$

(4) $(4-3i)(7-i)=28-4i-21i+3i^2$

$=28-25i+3\times(-1)$

$=\boldsymbol{25-25i}$

(5) $(2-i)^2=4-4i+i^2$

$=4-4i-1$

$=\boldsymbol{3-4i}$

(6) $(3-2i)(3+2i)=9-4i^2$

$=9-4\times(-1)$

$=\mathbf{13}$

34

(1) $\boldsymbol{5-4i}$

(2) $\boldsymbol{1+7i}$

(3) $\boldsymbol{2-\sqrt{3}\,i}$

(4) $\boldsymbol{-4+i}$

(5) $\boldsymbol{6i}$

35

(1) $(5+i)\div(1+3i)$

$=\dfrac{5+i}{1+3i}$

$=\dfrac{(5+i)(1-3i)}{(1+3i)(1-3i)}$

$=\dfrac{5-15i+i-3i^2}{1-9i^2}$

$=\dfrac{8-14i}{10}$

$=\dfrac{4-7i}{5}=\boldsymbol{\dfrac{4}{5}-\dfrac{7}{5}i}$

(2) $\dfrac{2-i}{5+3i}$

$=\dfrac{(2-i)(5-3i)}{(5+3i)(5-3i)}$

$=\dfrac{10-6i-5i+3i^2}{25-9i^2}$

$=\dfrac{7-11i}{34}=\boldsymbol{\dfrac{7}{34}-\dfrac{11}{34}i}$

(3) $\dfrac{i}{2+i}$

$=\dfrac{i(2-i)}{(2+i)(2-i)}$

$=\dfrac{2i-i^2}{4-i^2}$

$=\dfrac{1+2i}{5}=\boldsymbol{\dfrac{1}{5}+\dfrac{2}{5}i}$

(4) $\dfrac{7-4i}{4+2i}$

$=\dfrac{(7-4i)(4-2i)}{(4+2i)(4-2i)}$

$=\dfrac{28-14i-16i+8i^2}{16-4i^2}$

$=\dfrac{20-30i}{20}$

$=\dfrac{2-3i}{2}=\boldsymbol{1-\dfrac{3}{2}i}$

36

(1) $x=\dfrac{-5\pm\sqrt{5^2-4\times1\times(-4)}}{2\times1}$

$=\dfrac{-5\pm\sqrt{25+16}}{2}$

$=\boldsymbol{\dfrac{-5\pm\sqrt{41}}{2}}$

(2) $x=\dfrac{-(-8)\pm\sqrt{(-8)^2-4\times3\times2}}{2\times3}$

$=\dfrac{8\pm\sqrt{64-24}}{6}$

$=\dfrac{8\pm\sqrt{40}}{6}$

$=\dfrac{8\pm2\sqrt{10}}{6}$

$=\boldsymbol{\dfrac{4\pm\sqrt{10}}{3}}$

(3) $x=\dfrac{-(-4)\pm\sqrt{(-4)^2-4\times4\times1}}{2\times4}$

$=\dfrac{4\pm\sqrt{16-16}}{8}$

$=\dfrac{4}{8}=\boldsymbol{\dfrac{1}{2}}$

37

(1) $x=\dfrac{-3\pm\sqrt{3^2-4\times4\times1}}{2\times4}$

$=\dfrac{-3\pm\sqrt{9-16}}{8}$

$=\dfrac{-3\pm\sqrt{-7}}{8}$

$=\boldsymbol{\dfrac{-3\pm\sqrt{7}\,i}{8}}$

(2) $x=\dfrac{-5\pm\sqrt{5^2-4\times3\times4}}{2\times3}$

$=\dfrac{-5\pm\sqrt{25-48}}{6}$

$=\dfrac{-5\pm\sqrt{-23}}{6}$

$=\boldsymbol{\dfrac{-5\pm\sqrt{23}\,i}{6}}$

(3) $x=\dfrac{-(-4)\pm\sqrt{(-4)^2-4\times1\times6}}{2\times1}$

$=\dfrac{4\pm\sqrt{16-24}}{2}$

$=\dfrac{4\pm\sqrt{-8}}{2}$

$=\dfrac{4\pm\sqrt{8}\,i}{2}$

$=\dfrac{4\pm2\sqrt{2}\,i}{2}$

$=\boldsymbol{2\pm\sqrt{2}\,i}$

38

(1) $D=7^2-4\times4\times2$

$=49-32=17>0$

よって，**異なる 2 つの実数解**である。

(2) $D=1^2-4\times1\times1$

$=1-4=-3<0$

よって，**異なる 2 つの虚数解**である。

(3) $D=(-8)^2-4\times16\times1$

$=64-64=0$

よって，**重解**である。

(4) $D=(-1)^2-4\times2\times(-3)$

$=1+24=25>0$

よって，**異なる 2 つの実数解**である。

39

判別式を D とする。

(1) $D=6^2-4\times1\times k=36-4k$

$D>0$ だから　$36-4k>0$

これを解いて　$\boldsymbol{k<9}$

(2) $D=(-3)^2-4\times2\times k=9-8k$

$D<0$ だから　$9-8k<0$

これを解いて　$\boldsymbol{k>\dfrac{9}{8}}$

(3) $D=8^2-4\times4\times k=64-16k$

$D\geqq0$ だから　$64-16k\geqq0$

これを解いて　$\boldsymbol{k\leqq4}$

40

2つの解を α, β とする。

(1) 和 $\alpha+\beta=-\boldsymbol{\frac{7}{2}}$, 積 $\alpha\beta=\frac{4}{2}=\boldsymbol{2}$

(2) 和 $\alpha+\beta=-\frac{6}{1}=\boldsymbol{-6}$, 積 $\alpha\beta=\frac{4}{1}=\boldsymbol{4}$

(3) 和 $\alpha+\beta=-\frac{-2}{3}=\boldsymbol{\frac{2}{3}}$, 積 $\alpha\beta=\boldsymbol{\frac{5}{3}}$

(4) 和 $\alpha+\beta=-\frac{-3}{4}=\boldsymbol{\frac{3}{4}}$, 積 $\alpha\beta=\frac{-2}{4}=\boldsymbol{-\frac{1}{2}}$

41

2つの解を α, β とする。

(1) 和 $\alpha+\beta=-\boldsymbol{\frac{4}{3}}$, 積 $\alpha\beta=\frac{0}{3}=\boldsymbol{0}$

(2) 和 $\alpha+\beta=-\frac{0}{1}=\boldsymbol{0}$, 積 $\alpha\beta=\frac{8}{1}=\boldsymbol{8}$

(3) 和 $\alpha+\beta=-\frac{0}{3}=\boldsymbol{0}$, 積 $\alpha\beta=\frac{-5}{3}=\boldsymbol{-\frac{5}{3}}$

(4) 和 $\alpha+\beta=-\frac{-1}{-1}=\boldsymbol{-1}$, 積 $\alpha\beta=\frac{4}{-1}=\boldsymbol{-4}$

42

(1) ① $\alpha+\beta=\boldsymbol{-\frac{3}{2}}$

② $\alpha\beta=\frac{4}{2}=\boldsymbol{2}$

③ $\alpha^2\beta+\alpha\beta^2=\alpha\beta(\alpha+\beta)$

$=2\times\left(-\frac{3}{2}\right)=\boldsymbol{-3}$

(2) $\alpha+\beta=-\frac{-5}{1}=5$, $\alpha\beta=\frac{3}{1}=3$

① $\alpha^2\beta+\alpha\beta^2=\alpha\beta(\alpha+\beta)$

$=3\times5$

$=\boldsymbol{15}$

② $(\alpha+4)(\beta+4)=\alpha\beta+4\alpha+4\beta+16$

$=\alpha\beta+4(\alpha+\beta)+16$

$=3+4\times5+16$

$=\boldsymbol{39}$

③ $\alpha^2+\beta^2=(\alpha+\beta)^2-2\alpha\beta$

$=5^2-2\times3$

$=25-6$

$=\boldsymbol{19}$

(3) $\alpha+\beta=-\frac{-2}{3}=\frac{2}{3}$, $\alpha\beta=\frac{-3}{3}=-1$

① $\alpha^2+\beta^2=(\alpha+\beta)^2-2\alpha\beta$

$=\left(\frac{2}{3}\right)^2-2\times(-1)$

$=\frac{4}{9}+2=\boldsymbol{\frac{22}{9}}$

② $(\alpha-\beta)^2=(\alpha+\beta)^2-4\alpha\beta$

$=\left(\frac{2}{3}\right)^2-4\times(-1)$

$=\frac{4}{9}+4=\boldsymbol{\frac{40}{9}}$

③ $\frac{\beta}{\alpha}+\frac{\alpha}{\beta}=\frac{\alpha^2+\beta^2}{\alpha\beta}$

$=\frac{22}{9}\div(-1)=\boldsymbol{-\frac{22}{9}}$

43

(1) 和　$5+2=7$

積　$5\times2=10$

よって　$\boldsymbol{x^2-7x+10=0}$

(2) 和　$-3+6=3$

積　$-3\times6=-18$

よって　$\boldsymbol{x^2-3x-18=0}$

(3) 和　$4+(-7)=-3$

積　$4\times(-7)=-28$

よって　$\boldsymbol{x^2+3x-28=0}$

(4) 和　$-6+(-5)=-11$

積　$-6\times(-5)=30$

よって　$\boldsymbol{x^2+11x+30=0}$

(5) 和　$5+0=5$

積　$5\times0=0$

よって　$\boldsymbol{x^2-5x=0}$

44

(1) 和　$(5+\sqrt{3})+(5-\sqrt{3})=10$

積　$(5+\sqrt{3})(5-\sqrt{3})=25-3=22$

よって　$\boldsymbol{x^2-10x+22=0}$

(2) 和　$(-1-2\sqrt{3})+(-1+2\sqrt{3})=-2$

積　$(-1-2\sqrt{3})(-1+2\sqrt{3})=1-12=-11$

よって　$\boldsymbol{x^2+2x-11=0}$

(3) 和　$(3+i)+(3-i)=6$

積　$(3+i)(3-i)=9+1=10$

よって　$\boldsymbol{x^2-6x+10=0}$

(4) 和　$(-4+3i)+(-4-3i)=-8$

積　$(-4+3i)(-4-3i)=16+9=25$

よって　$\boldsymbol{x^2+8x+25=0}$

45

(1)

$$\begin{array}{r|l} & 3x\ \ +2 \\ \hline x+2 & 3x^2+8x-6 \\ & 3x^2+6x \\ \hline & \qquad 2x-6 \\ & \qquad 2x+4 \\ \hline & \qquad\ -10 \end{array}$$

よって，商は $\boldsymbol{3x+2}$, 余りは $\boldsymbol{-10}$

(2)

$$\begin{array}{r|l} & 2x\ \ +4 \\ \hline 2x-1 & 4x^2+6x-3 \\ & 4x^2-2x \\ \hline & \qquad 8x-3 \\ & \qquad 8x-4 \\ \hline & \qquad\quad 1 \end{array}$$

よって，商は $\boldsymbol{2x+4}$, 余りは $\boldsymbol{1}$

46

(1)

$$
\begin{array}{r}
x^2+3x\ +5 \\
x-2\,\overline{)\,x^3+\ x^2-\ x-\ 5} \\
\underline{x^3-2x^2} \\
3x^2-\ x \\
\underline{3x^2-6x} \\
5x-\ 5 \\
\underline{5x-10} \\
5
\end{array}
$$

よって，商は $\boldsymbol{x^2+3x+5}$，余りは $\mathbf{5}$

(2)

$$
\begin{array}{r}
x\ -4 \\
x^2+2x+3\,\overline{)\,x^3-2x^2-\ 7} \\
\underline{x^3+2x^2+3x} \\
-4x^2-3x-\ 7 \\
\underline{-4x^2-8x-12} \\
5x+\ 5
\end{array}
$$

よって，商は $\boldsymbol{x-4}$，余りは $\boldsymbol{5x+5}$

47

(1) $A=B\times Q+R$ より

$x^2-x-1=B\times(x+2)+5$

右辺の 5 を移項して整理すると

$x^2-x-6=B\times(x+2)$

よって

$B=(x^2-x-6)\div(x+2)$

$=\boldsymbol{x-3}$

(2) $A=B\times Q+R$ より

$3x^2-11x+8=B\times(x-3)+2$

右辺の 2 を移項して整理すると

$3x^2-11x+6=B\times(x-3)$

よって

$B=(3x^2-11x+6)\div(x-3)$

$=\boldsymbol{3x-2}$

48

(1) $A=B\times Q+R$ より

$x^3+5x^2+5x-8=B\times(x+3)+3x+4$

右辺の $3x+4$ を移項して整理すると

$x^3+5x^2+2x-12=B\times(x+3)$

よって

$B=(x^3+5x^2+2x-12)\div(x+3)$

$=\boldsymbol{x^2+2x-4}$

(2) $A=B\times Q+R$ より

$2x^3-3x^2-6x+2=B\times(2x+3)-x-4$

右辺の $-x-4$ を移項して整理すると

$2x^3-3x^2-5x+6=B\times(2x+3)$

よって

$B=(2x^3-3x^2-5x+6)\div(2x+3)$

$=\boldsymbol{x^2-3x+2}$

49

(1) $P(1)=1^3+2\times1+2$

$=1+2+2=\mathbf{5}$

$P(-1)=(-1)^3+2\times(-1)+2$

$=-1-2+2=\mathbf{-1}$

(2) $P(1)=1^3-2\times1^2+4$

$=1-2+4=\mathbf{3}$

$P(-2)=(-2)^3-2\times(-2)^2+4$

$=-8-8+4=\mathbf{-12}$

(3) $P(2)=-2\times2^3-2^2+4\times2+6$

$=-16-4+8+6=\mathbf{-6}$

$P(-3)=-2\times(-3)^3-(-3)^2+4\times(-3)+6$

$=54-9-12+6=\mathbf{39}$

50

(1) $P(1)=1^3-2\times1^2+1+4$

$=1-2+1+4=\mathbf{4}$

(2) $P(2)=2^3-5\times2-3$

$=8-10-3=\mathbf{-5}$

(3) $P(-1)=2\times(-1)^3+(-1)^2-4\times(-1)+3$

$=-2+1+4+3=\mathbf{6}$

(4) $P(-3)=(-3)^3+2\times(-3)^2-4\times(-3)-3$

$=-27+18+12-3=\mathbf{0}$

51

① $x+1$

$P(-1)=(-1)^3-7\times(-1)+6$

$=-1+7+6=12$

よって，$x+1$ は因数ではない。

② $x-1$

$P(1)=1^3-7\times1+6$

$=1-7+6=0$

よって，$x-1$ は因数である。

③ $x+3$

$P(-3)=(-3)^3-7\times(-3)+6$

$=-27+21+6=0$

よって，$x+3$ は因数である。

④ $x-3$

$P(3)=3^3-7\times3+6$

$=27-21+6=12$

よって，$x-3$ は因数ではない。

したがって　**②と③**

52

① $x+1$

$P(-1)=(-1)^3-8\times(-1)^2+19\times(-1)-12$

$=-1-8-19-12=-40$

よって，$x+1$ は因数ではない。

② $x-1$

$P(1)=1^3-8\times1^2+19\times1-12$

$=1-8+19-12=0$

よって，$x-1$ は因数である。

③ $x+4$

$P(-4)=(-4)^3-8\times(-4)^2+19\times(-4)-12$

$=-64-128-76-12=-280$

よって，$x+4$ は因数ではない。

④ $x-4$

$P(4)=4^3-8\times4^2+19\times4-12$

$=64-128+76-12=0$

よって，$x-4$ は因数である。

したがって　②と④

53

(1) $P(x)=x^3-3x^2+5x-3$ とおく。

$P(1)=1^3-3\times1^2+5\times1-3$

$=1-3+5-3=0$

よって，$x-1$ は $P(x)$ の因数である。

$P(x)$ を $x-1$ でわって商を求めると

x^2-2x+3

したがって

$x^3-3x^2+5x-3=\boldsymbol{(x-1)(x^2-2x+3)}$

(2) $P(x)=2x^3+x^2+3x+4$ とおく。

$P(-1)=2\times(-1)^3+(-1)^2+3\times(-1)+4$

$=-2+1-3+4=0$

よって，$x+1$ は $P(x)$ の因数である。

$P(x)$ を $x+1$ でわって商を求めると

$2x^2-x+4$

したがって

$2x^3+x^2+3x+4=\boldsymbol{(x+1)(2x^2-x+4)}$

(3) $P(x)=x^3-x-6$ とおく。

$P(2)=2^3-2-6$

$=8-2-6=0$

よって，$x-2$ は $P(x)$ の因数である。

$P(x)$ を $x-2$ でわって商を求めると

x^2+2x+3

したがって

$x^3-x-6=\boldsymbol{(x-2)(x^2+2x+3)}$

54

(1) $x^3+3x^2+2x=0$

$x(x^2+3x+2)=0$

$x(x+1)(x+2)=0$

よって　$\boldsymbol{x=0,\ -1,\ -2}$

(2) $x^3-4x^2-5x=0$

$x(x^2-4x-5)=0$

$x(x+1)(x-5)=0$

よって　$\boldsymbol{x=0,\ -1,\ 5}$

(3) $x^3-9x=0$

$x(x^2-9)=0$

$x(x+3)(x-3)=0$

よって　$\boldsymbol{x=0,\ \pm3}$

(4) $x^3-4x^2+4x=0$

$x(x^2-4x+4)=0$

$x(x-2)^2=0$

よって　$\boldsymbol{x=0,\ 2}$

55

(1) $x^4-5x^2+6=0$

$x^2=A$ とおくと $x^4=A^2$ だから

$A^2-5A+6=0$

$(A-2)(A-3)=0$

$(x^2-2)(x^2-3)=0$

よって　$x^2-2=0$ または $x^2-3=0$

したがって　$\boldsymbol{x=\pm\sqrt{2},\ \pm\sqrt{3}}$

(2) $x^4-5x^2+4=0$

$x^2=A$ とおくと $x^4=A^2$ だから

$A^2-5A+4=0$

$(A-1)(A-4)=0$

$(x^2-1)(x^2-4)=0$

よって　$x^2-1=0$ または $x^2-4=0$

したがって　$\boldsymbol{x=\pm1,\ \pm2}$

(3) $x^4-x^2-20=0$

$x^2=A$ とおくと $x^4=A^2$ だから

$A^2-A-20=0$

$(A-5)(A+4)=0$

$(x^2-5)(x^2+4)=0$

よって　$x^2-5=0$ または $x^2+4=0$

したがって　$\boldsymbol{x=\pm\sqrt{5},\ \pm2i}$

56

(1) $P(x)=x^3-2x^2-5x+6$ とおくと

$P(1)=1^3-2\times1^2-5\times1+6=0$ だから

$x-1$ は $P(x)$ の因数である。

$P(x)$ を $x-1$ でわると商は x^2-x-6 だから

$P(x)=(x-1)(x^2-x-6)$

$=(x-1)(x-3)(x+2)$

よって，方程式は

$(x-1)(x-3)(x+2)=0$

したがって　$\boldsymbol{x=1,\ 3,\ -2}$

(2) $P(x)=x^3-3x-2$ とおくと

$P(-1)=(-1)^3-3\times(-1)-2=0$ だから

$x+1$ は $P(x)$ の因数である。

$P(x)$ を $x+1$ でわると商は x^2-x-2 だから

$P(x)=(x+1)(x^2-x-2)$

$=(x+1)(x+1)(x-2)$

$=(x+1)^2(x-2)$

よって，方程式は

$(x+1)^2(x-2)=0$

したがって　$\boldsymbol{x=-1,\ 2}$

57

(1) $P(x)=x^3-2x^2+x+4$ とおくと

$P(-1)=(-1)^3-2\times(-1)^2+(-1)+4=0$

だから $x+1$ は $P(x)$ の因数である。

$P(x)$ を $x+1$ でわると商は x^2-3x+4 だから

$P(x)=(x+1)(x^2-3x+4)$

よって，方程式は

$(x+1)(x^2-3x+4)=0$

$x+1=0$ または $x^2-3x+4=0$

したがって　$\boldsymbol{x=-1,\ \dfrac{3\pm\sqrt{7}i}{2}}$

(2) $P(x)=x^3-2x^2-7x+12$ とおくと

$P(3)=3^3-2\times3^2-7\times3+12=0$ だから

$x-3$ は $P(x)$ の因数である。

$P(x)$ を $x-3$ でわると商は x^2+x-4 だから

$P(x)=(x-3)(x^2+x-4)$

よって，方程式は

$(x-3)(x^2+x-4)=0$

$x-3=0$ または $x^2+x-4=0$

したがって　$\boldsymbol{x=3,\ \dfrac{-1\pm\sqrt{17}}{2}}$

58

高さは $(12-2x)$cm だから，体積について

$x\times x\times(12-2x)=64$

が成り立つ。この式の左辺を展開して整理すると

$x^3-6x^2+32=0$

因数定理を用いてこの方程式を解くと

$(x+2)(x^2-8x+16)=0$

$(x+2)(x-4)^2=0$

$x=-2,\ 4$

ここで，$x>0$ かつ $12-2x>0$

よって，x の値の範囲は　$0<x<6$

したがって，x の値は　$\boldsymbol{x=4}$

59

(1) (左辺) $=(a-1)^2+4a$

$=(a^2-2a+1)+4a$

$=a^2+2a+1$

(右辺) $=(a+1)^2$

$=a^2+2a+1$

よって，(左辺) = (右辺) となるから

$(a-1)^2+4a=(a+1)^2$ が成り立つ。

(2) (左辺) $=(x+3y)^2+(3x-y)^2$

$=(x^2+6xy+9y^2)+(9x^2-6xy+y^2)$

$=10x^2+10y^2$

(右辺) $=10(x^2+y^2)$

$=10x^2+10y^2$

よって，(左辺) = (右辺) となるから

$(x+3y)^2+(3x-y)^2=10(x^2+y^2)$ が成り立つ。

(3) (左辺) $=(a^2-1)(4-b^2)$

$=4a^2-a^2b^2-4+b^2$

(右辺) $=(2a+b)^2-(ab+2)^2$

$=(4a^2+4ab+b^2)-(a^2b^2+4ab+4)$

$=4a^2-a^2b^2-4+b^2$

よって，(左辺) = (右辺) となるから

$(a^2-1)(4-b^2)=(2a+b)^2-(ab+2)^2$

が成り立つ。

60

$a+b=2$ だから

$b=2-a$　------①

証明する式の左辺と右辺に①を代入すると

(左辺) $=a^2+2b$

$=a^2+2(2-a)$

$=a^2-2a+4$

(右辺) $=b^2+2a$

$=(2-a)^2+2a$

$=4-4a+a^2+2a$

$=a^2-2a+4$

よって，(左辺) = (右辺) となるから

$a+b=2$ のとき，$a^2+2b=b^2+2a$ が成り立つ。

61

$\dfrac{a}{b}=\dfrac{c}{d}=k$ とおくと

$a=bk,\quad c=dk$　------①

証明する式の左辺と右辺に①を代入すると

(左辺) $=\dfrac{a}{a+b}=\dfrac{bk}{bk+b}=\dfrac{bk}{b(k+1)}=\dfrac{k}{k+1}$

(右辺) $=\dfrac{c}{c+d}=\dfrac{dk}{dk+d}=\dfrac{dk}{d(k+1)}=\dfrac{k}{k+1}$

よって，(左辺) = (右辺) となるから

$\dfrac{a}{b}=\dfrac{c}{d}$ のとき，$\dfrac{a}{a+b}=\dfrac{c}{c+d}$ が成り立つ。

62

(1) (左辺) − (右辺) $=(a^2+1)-2a$

$=a^2-2a+1$

$=(a-1)^2\geqq0$

よって　$(a^2+1)-2a\geqq0$

したがって，$a^2+1\geqq2a$ が成り立つ。

(2) (左辺) − (右辺) $=(9x^2+y^2)-6xy$

$=9x^2-6xy+y^2$

$=(3x-y)^2\geqq0$

よって　$(9x^2+y^2)-6xy\geqq0$

したがって，$9x^2+y^2\geqq6xy$ が成り立つ。

(3) (左辺) − (右辺) $=(x+1)^2-4x$

$=x^2+2x+1-4x$

$=x^2-2x+1$

$=(x-1)^2\geqq0$

よって　$(x+1)^2-4x\geqq0$

したがって，$(x+1)^2\geqq4x$ が成り立つ。

63

$a>0$ だから　$\dfrac{25}{a}>0$

相加平均・相乗平均の関係より

$$\frac{1}{2}\left(a+\frac{25}{a}\right) \geqq \sqrt{a\times\frac{25}{a}}=5$$

よって　$a+\dfrac{25}{a} \geqq 10$

64

$a>0,\ b>0$ だから　$\dfrac{b}{a}>0,\ \dfrac{a}{b}>0$

相加平均・相乗平均の関係より

$$\frac{1}{2}\left(\frac{b}{a}+\frac{a}{b}\right) \geqq \sqrt{\frac{b}{a}\times\frac{a}{b}}=1$$

よって　$\dfrac{b}{a}+\dfrac{a}{b} \geqq 2$

65

(1)　$(2a+3)^4$

$={}_4C_0\,(2a)^4+{}_4C_1\,(2a)^3\times3+{}_4C_2\,(2a)^2\times3^2$

$\quad+{}_4C_3\,(2a)\times3^3+{}_4C_4\,3^4$

$=\mathbf{16a^4+96a^3+216a^2+216a+81}$

(2)　$\left(a-\dfrac{2}{a}\right)^4=\left\{a+\left(-\dfrac{2}{a}\right)\right\}^4$

$={}_4C_0\,a^4+{}_4C_1\,a^3\times\left(-\dfrac{2}{a}\right)+{}_4C_2\,a^2\times\left(-\dfrac{2}{a}\right)^2$

$\quad+{}_4C_3\,a\times\left(-\dfrac{2}{a}\right)^3+{}_4C_4\left(-\dfrac{2}{a}\right)^4$

$={}_4C_0\,a^4-{}_4C_1\,a^3\left(\dfrac{2}{a}\right)+{}_4C_2\,a^2\left(\dfrac{2}{a}\right)^2-{}_4C_3\,a\left(\dfrac{2}{a}\right)^3+{}_4C_4\left(\dfrac{2}{a}\right)^4$

$=\boldsymbol{a^4-8a^2+24-\dfrac{32}{a^2}+\dfrac{16}{a^4}}$

(3)　$\left(a^2+\dfrac{1}{a}\right)^6$ の展開式における ${}_6C_r\times(a^2)^{6-r}\times\left(\dfrac{1}{a}\right)^r$

の項のうち，$(a^2)^{6-r}\times\left(\dfrac{1}{a}\right)^r$ が 1 となる r を求めればよい。

$\dfrac{a^{12-2r}}{a^r}=1$ だから　$12-2r=r$

よって　$r=4$

$r=4$ となる項の係数は ${}_6C_4$ だから，求める定数項は

${}_6C_4=\dfrac{6\times5\times4\times3}{4\times3\times2\times1}=\mathbf{15}$

66

(1)　異なる 2 つの実数解をもつから

$D=(2k)^2-4\times1\times(k+2)=4(k^2-k-2)$

$\quad=4(k+1)(k-2)>0$

よって　$\boldsymbol{k<-1,\ 2<k}$

(2)　異なる 2 つの実数解をもつから

(1)より　$k<-1,\ 2<k$　------①

また，$\alpha>0,\ \beta>0$ から

$\begin{cases}\alpha+\beta=-2k>0 & \text{------②}\\ \alpha\beta=k+2>0 & \text{------③}\end{cases}$

②，③から　$k<0$　------④

$\qquad k>-2$　------⑤

①，④，⑤から，求める範囲は　$\boldsymbol{-2<k<-1}$

(3)　異なる 2 つの実数解をもつから

(1)より　$k<-1,\ 2<k$　------①

また，$\alpha<0,\ \beta<0$ から

$\begin{cases}\alpha+\beta=-2k<0 & \text{------②}\\ \alpha\beta=k+2>0 & \text{------③}\end{cases}$

②，③から　$k>0$　------④

$\qquad k>-2$　------⑤

①，④，⑤から，求める範囲は　$\boldsymbol{k>2}$

2章 図形と方程式

67

(1) $AB = 9 - 4 = \mathbf{5}$

(2) $CD = 3 - (-6) = \mathbf{9}$

(3) $PQ = -3 - (-8) = \mathbf{5}$

(4) $OR = 0 - (-\sqrt{5}) = \boldsymbol{\sqrt{5}}$

68

$AR = 4 - 2 = 2$, $RB = 10 - 4 = 6$

$AR : RB = 2 : 6 = 1 : 3$

よって，点 R は線分 AB を **1：3** に内分する。

$AS = 7 - 2 = 5$, $SB = 10 - 7 = 3$

$AS : SB = 5 : 3$

よって，点 S は線分 AB を **5：3** に内分する。

69

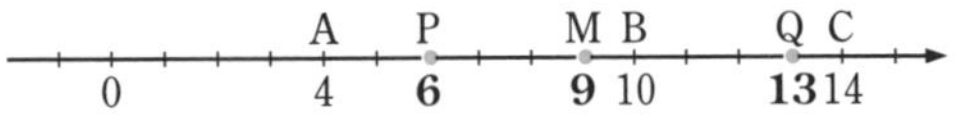

70

(1) $x = \dfrac{3 \times 2 + 1 \times 10}{1 + 3} = \dfrac{16}{4} = \mathbf{4}$

(2) $x = \dfrac{3 \times 2 + 5 \times 10}{5 + 3} = \dfrac{56}{8} = \mathbf{7}$

(3) $x = \dfrac{2 + 10}{2} = \dfrac{12}{2} = \mathbf{6}$

71

(1) $x = \dfrac{1 \times (-7) + 2 \times 5}{2 + 1} = \dfrac{3}{3} = \mathbf{1}$

(2) $x = \dfrac{5 \times (-7) + 1 \times 5}{1 + 5} = \dfrac{-30}{6} = \mathbf{-5}$

(3) $x = \dfrac{-7 + 5}{2} = \dfrac{-2}{2} = \mathbf{-1}$

72

(1) $AP = 7 - (-3) = 10$, $PB = 7 - 5 = 2$

$AP : PB = 10 : 2 = 5 : 1$

よって，点 P は線分 AB を **5：1** に外分する。

(2) $AQ = 11 - (-3) = 14$, $QB = 11 - 5 = 6$

$AQ : QB = 14 : 6 = 7 : 3$

よって，点 Q は線分 AB を **7：3** に外分する。

(3) $AR = -3 - (-7) = 4$, $RB = 5 - (-7) = 12$

$AR : RB = 4 : 12 = 1 : 3$

よって，点 R は線分 AB を **1：3** に外分する。

73

(1) $x = \dfrac{-1 \times (-4) + 3 \times 8}{3 - 1} = \dfrac{28}{2} = \mathbf{14}$

(2) $x = \dfrac{-7 \times (-4) + 1 \times 8}{1 - 7} = \dfrac{36}{-6} = \mathbf{-6}$

(3) $x = \dfrac{-5 \times (-4) + 2 \times 8}{2 - 5} = \dfrac{36}{-3} = \mathbf{-12}$

74

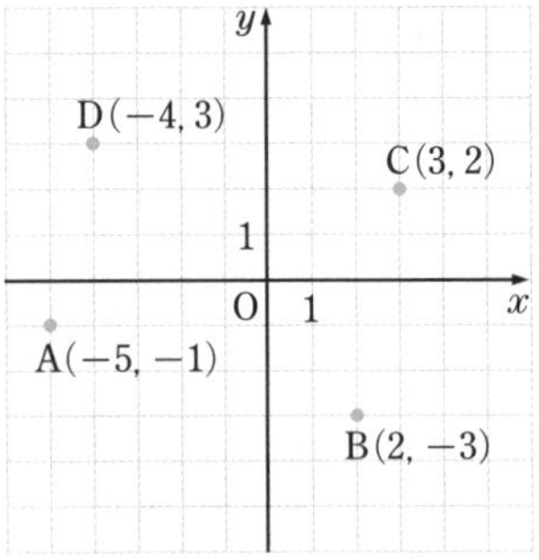

点 A は**第 3 象限**　　点 B は**第 4 象限**

点 C は**第 1 象限**　　点 D は**第 2 象限**

75

(1) $AB = \sqrt{(1-3)^2 + (9-5)^2}$
$= \sqrt{(-2)^2 + 4^2}$
$= \sqrt{4 + 16}$
$= \sqrt{20} = \mathbf{2\sqrt{5}}$

(2) $CD = \sqrt{(-2-3)^2 + \{4-(-1)\}^2}$
$= \sqrt{(-5)^2 + 5^2}$
$= \sqrt{25 + 25}$
$= \sqrt{50} = \mathbf{5\sqrt{2}}$

(3) $EF = \sqrt{\{0-(-4)\}^2 + \{(-6)-(-3)\}^2}$
$= \sqrt{4^2 + (-3)^2}$
$= \sqrt{16 + 9}$
$= \sqrt{25} = \mathbf{5}$

(4) $OP = \sqrt{(-5)^2 + 2^2}$
$= \sqrt{25 + 4} = \boldsymbol{\sqrt{29}}$

76

点 P は x 軸上にあるから，点 P の座標を $(x,\ 0)$ とすると

$AP = \sqrt{(x-0)^2 + (0-4)^2} = \sqrt{x^2 + 16}$

$BP = \sqrt{(x-6)^2 + (0-2)^2} = \sqrt{x^2 - 12x + 40}$

$AP = BP$ だから　$AP^2 = BP^2$

よって　$x^2 + 16 = x^2 - 12x + 40$

$12x = 24$

$x = 2$

したがって，点 P の座標は　$\mathbf{(2,\ 0)}$

77

点 P は y 軸上にあるから，点 P の座標を $(0,\ y)$ とすると

$AP = \sqrt{(0-4)^2 + (y-0)^2} = \sqrt{16 + y^2}$

$BP = \sqrt{(0-8)^2 + (y-6)^2} = \sqrt{y^2 - 12y + 100}$

$AP = BP$ だから　$AP^2 = BP^2$

よって　$16 + y^2 = y^2 - 12y + 100$

$12y = 84$

$y = 7$

したがって，点 P の座標は　$\mathbf{(0,\ 7)}$

78

$$x=\frac{1\times(-2)+2\times7}{2+1}=\frac{12}{3}=4$$
$$y=\frac{1\times3+2\times6}{2+1}=\frac{15}{3}=5$$
よって，点 P の座標は　**(4，5)**

79

$$x=\frac{2\times(-4)+3\times11}{3+2}=\frac{25}{5}=5$$
$$y=\frac{2\times9+3\times(-1)}{3+2}=\frac{15}{5}=3$$
よって，点 P の座標は　**(5，3)**

80

$$x=\frac{-1\times2+3\times6}{3-1}=\frac{16}{2}=8$$
$$y=\frac{-1\times(-3)+3\times5}{3-1}=\frac{18}{2}=9$$
よって，点 P の座標は　**(8，9)**

81

$$x=\frac{-3\times6+2\times(-2)}{2-3}=\frac{-22}{-1}=22$$
$$y=\frac{-3\times(-4)+2\times3}{2-3}=\frac{18}{-1}=-18$$
よって，点 P の座標は　**(22，−18)**

82

$$x=\frac{5+(-2)+3}{3}=\frac{6}{3}=2$$
$$y=\frac{6+4+(-1)}{3}=\frac{9}{3}=3$$
よって，重心 G の座標は　**(2，3)**

83

$$x=\frac{2+(-3)+4}{3}=\frac{3}{3}=1$$
$$y=\frac{-1+(-2)+3}{3}=\frac{0}{3}=0$$
よって，重心 G の座標は　**(1，0)**

84

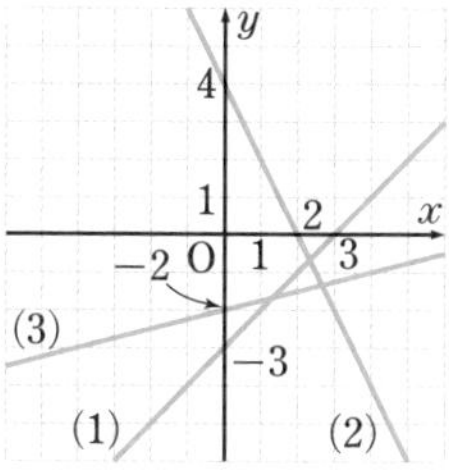

85

(1)　$y-3=4(x-2)$
　整理すると　$\boldsymbol{y=4x-5}$

(2)　$y-5=-3\{x-(-1)\}$
　整理すると　$\boldsymbol{y=-3x+2}$

(3)　$y-(-3)=\frac{3}{4}(x-4)$
　整理すると　$\boldsymbol{y=\frac{3}{4}x-6}$

(4)　$y-4=-\frac{1}{2}\{x-(-2)\}$
　整理すると　$\boldsymbol{y=-\frac{1}{2}x+3}$

86

(1)　この直線の傾き m は
$$m=\frac{-5-4}{-1-2}=\frac{-9}{-3}=3$$
よって，求める直線は点 (2，4) を通り，
傾きが 3 だから
　$y-4=3(x-2)$
整理すると　$\boldsymbol{y=3x-2}$

(2)　この直線の傾き m は
$$m=\frac{9-2}{-3-4}=\frac{7}{-7}=-1$$
よって，求める直線は点 (4，2) を通り，
傾きが −1 だから
　$y-2=-(x-4)$
整理すると　$\boldsymbol{y=-x+6}$

87

(1)　$\boldsymbol{y=-6}$
(2)　$\boldsymbol{x=7}$

88

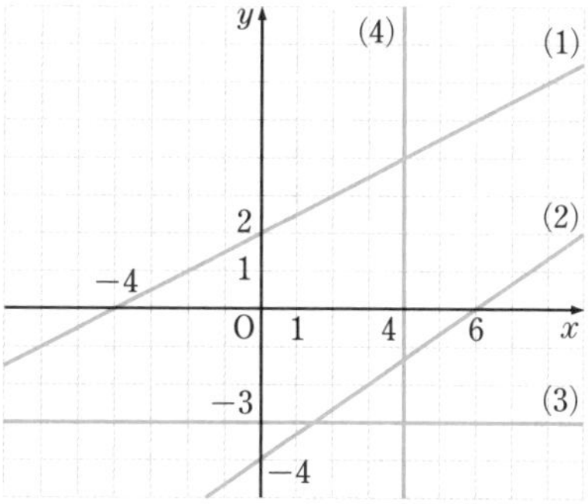

89

(1)　連立方程式
$$\begin{cases}y=-2x-2\\y=x+4\end{cases}$$
を解くと　$x=-2,\ y=2$
よって，交点の座標は　**(−2，2)**

(2)　連立方程式
$$\begin{cases}y=2x-3\\-3x-y+2=0\end{cases}$$
を解くと　$x=1,\ y=-1$
よって，交点の座標は　**(1，−1)**

(3)　連立方程式
$$\begin{cases}x+y-1=0\\2x+3y-4=0\end{cases}$$

を解くと　$x=-1$，$y=2$
よって，交点の座標は　$\mathbf{(-1,\ 2)}$

90

③は　$y=-x-6$
④は　$y=\frac{1}{3}x+2$ と変形できるから
①と③，②と④

91

求める直線は，点 $(-1,\ 2)$ を通り，
傾きが -3 だから
$$y-2=-3\{x-(-1)\}$$
整理すると　$\boldsymbol{y=-3x-1}$

92

(1)　$1\times m=-1$ より　$\boldsymbol{m=-1}$
(2)　$\frac{5}{6}\times m=-1$ より　$\boldsymbol{m=-\frac{6}{5}}$
(3)　$m\times\left(-\frac{5}{3}\right)=-1$ より　$\boldsymbol{m=\frac{3}{5}}$

93

求める直線の傾きを m とする。
(1)　$3\times m=-1$ より　$m=-\frac{1}{3}$
よって，求める直線は，点 $(6,\ -1)$ を通り，
傾きが $-\frac{1}{3}$ だから
$$y-(-1)=-\frac{1}{3}(x-6)$$
整理すると　$\boldsymbol{y=-\frac{1}{3}x+1}$
(2)　$-\frac{4}{5}\times m=-1$ より　$m=\frac{5}{4}$
よって，求める直線は，点 $(-4,\ 3)$ を通り，
傾きが $\frac{5}{4}$ だから
$$y-3=\frac{5}{4}\{x-(-4)\}$$
整理すると　$\boldsymbol{y=\frac{5}{4}x+8}$
(3)　$2x+y-1=0$ を変形すると　$y=-2x+1$
$-2\times m=-1$ より　$m=\frac{1}{2}$
よって，求める直線は，点 $(4,\ 3)$ を通り，
傾きが $\frac{1}{2}$ だから
$$y-3=\frac{1}{2}(x-4)$$
整理すると　$\boldsymbol{y=\frac{1}{2}x+1}$

94

直線 $y=\frac{1}{2}x+5$ に垂直な直線の傾き m は
$$\frac{1}{2}\times m=-1 \text{ より } m=-2$$
原点を通り，傾きが -2 の直線の方程式は
$$y=-2x$$
この直線と，直線 $y=\frac{1}{2}x+5$ の交点は
連立方程式
$$\begin{cases} y=\frac{1}{2}x+5 \\ y=-2x \end{cases}$$
を解いて　$x=-2$，$y=4$
よって，交点の座標は $(-2,\ 4)$
したがって，原点Oと点 $(-2,\ 4)$ 間の距離は
$$\sqrt{(-2)^2+4^2}=\sqrt{20}=\boldsymbol{2\sqrt{5}}$$

95

(1)　$(x-5)^2+\{y-(-3)\}^2=2^2$
よって　$\boldsymbol{(x-5)^2+(y+3)^2=4}$
(2)　$\{x-(-3)\}^2+\{y-(-1)\}^2=4^2$
よって　$\boldsymbol{(x+3)^2+(y+1)^2=16}$
(3)　$\{x-(-4)\}^2+(y-2)^2=(\sqrt{3})^2$
よって　$\boldsymbol{(x+4)^2+(y-2)^2=3}$
(4)　$x^2+y^2=(\sqrt{6})^2$
よって　$\boldsymbol{x^2+y^2=6}$

96

(1)　$(x-5)^2+(y-4)^2=3^2$
よって，**中心の座標 $(5,\ 4)$，半径 3**
(2)　$\{x-(-3)\}^2+\{y-(-1)\}^2=(\sqrt{5})^2$
よって，**中心の座標 $(-3,\ -1)$，半径 $\sqrt{5}$**
(3)　$(x-0)^2+(y-3)^2=6^2$
よって，**中心の座標 $(0,\ 3)$，半径 6**
(4)　$x^2+y^2=(\sqrt{15})^2$
よって，**中心の座標 $(0,\ 0)$，半径 $\sqrt{15}$**

97

(1)　この円の半径は 5 だから
$\boldsymbol{(x-4)^2+(y-5)^2=25}$
(2)　この円の半径は 3 だから
$\boldsymbol{(x+2)^2+(y-3)^2=9}$
(3)　この円の半径は 4 だから
$\boldsymbol{(x+4)^2+(y+2)^2=16}$

98

(1)　円の中心を $\mathrm{C}(a,\ b)$ とすると，点Cは線分ABの中点だから
$$a=\frac{4+(-2)}{2}=1,\quad b=\frac{7+(-1)}{2}=3$$
となり，$\mathrm{C}(1,\ 3)$ である。また，半径は
$$\mathrm{CA}=\sqrt{(4-1)^2+(7-3)^2}=5$$
よって，求める円の方程式は
$$\boldsymbol{(x-1)^2+(y-3)^2=25}$$
(2)　円の中心を $\mathrm{C}(a,\ b)$ とすると，点Cは線分ABの中点だから

$$a=\frac{0+6}{2}=3,\quad b=\frac{2+(-4)}{2}=-1$$

となり，C(3, −1) である。また，半径は

$$CA=\sqrt{(0-3)^2+\{2-(-1)\}^2}=3\sqrt{2}$$

よって，求める円の方程式は

$$\boldsymbol{(x-3)^2+(y+1)^2=18}$$

(3) 円の中心をC(*a*, *b*)とすると，点Cは線分ABの中点だから

$$a=\frac{2+(-6)}{2}=-2,\quad b=\frac{4+8}{2}=6$$

となり，C(−2, 6) である。また，半径は

$$CA=\sqrt{\{2-(-2)\}^2+(4-6)^2}=2\sqrt{5}$$

よって，求める円の方程式は

$$\boldsymbol{(x+2)^2+(y-6)^2=20}$$

99

(1) $x^2+y^2-6x+4y+9=0$

$(x^2-6x+9)-9+(y^2+4y+4)-4+9=0$

$(x-3)^2+(y+2)^2=4$

よって，**中心の座標 (3, −2)，半径 2**

(2) $x^2+y^2-4x+8y+11=0$

$(x^2-4x+4)-4+(y^2+8y+16)-16+11=0$

$(x-2)^2+(y+4)^2=9$

よって，**中心の座標 (2, −4)，半径 3**

(3) $x^2+y^2+2x-6y+9=0$

$(x^2+2x+1)-1+(y^2-6y+9)-9+9=0$

$(x+1)^2+(y-3)^2=1$

よって，**中心の座標 (−1, 3)，半径 1**

(4) $x^2+y^2-8x+2y+1=0$

$(x^2-8x+16)-16+(y^2+2y+1)-1+1=0$

$(x-4)^2+(y+1)^2=16$

よって，**中心の座標 (4, −1)，半径 4**

100

(1) $x^2+y^2-6x+8y=0$

$(x^2-6x+9)-9+(y^2+8y+16)-16=0$

$(x-3)^2+(y+4)^2=25$

よって，**中心の座標 (3, −4)，半径 5**

(2) $x^2+y^2+10x+9=0$

$(x^2+10x+25)-25+y^2+9=0$

$(x+5)^2+y^2=16$

よって，**中心の座標 (−5, 0)，半径 4**

(3) $x^2+y^2-12x=0$

$(x^2-12x+36)-36+y^2=0$

$(x-6)^2+y^2=36$

よって，**中心の座標 (6, 0)，半径 6**

(4) $x^2+y^2-8y+7=0$

$x^2+(y^2-8y+16)-16+7=0$

$x^2+(y-4)^2=9$

よって，**中心の座標 (0, 4)，半径 3**

101

(1) 連立方程式 $\begin{cases}x^2+y^2=13 & \text{------①}\\ y=x-1 & \text{------②}\end{cases}$

において，②を①に代入して整理すると

$x^2-x-6=0$

$(x+2)(x-3)=0$ から　$x=-2,\ 3$

これを②に代入して $x=-2$ のとき　$y=-3$，

$x=3$ のとき　$y=2$

よって，共有点の座標は **(−2, −3)，(3, 2)**

(2) 連立方程式 $\begin{cases}x^2+y^2=10 & \text{------①}\\ y=3x+10 & \text{------②}\end{cases}$

において，②を①に代入して整理すると

$x^2+6x+9=0$

$(x+3)^2=0$ から　$x=-3$

これを②に代入して $y=1$

よって，共有点の座標は **(−3, 1)**

102

(1) 連立方程式 $\begin{cases}x^2+y^2=5 & \text{------①}\\ y=x+3 & \text{------②}\end{cases}$

において，②を①に代入して整理すると

$x^2+3x+2=0$　------③

この2次方程式の判別式を D とすると

$D=3^2-4\times1\times2=1>0$

よって，③は異なる2つの実数解をもつ。

したがって，この円と直線の共有点は **2個**

(2) 連立方程式 $\begin{cases}x^2+y^2=12 & \text{------①}\\ y=-x+6 & \text{------②}\end{cases}$

において，②を①に代入して整理すると

$x^2-6x+12=0$　------③

この2次方程式の判別式を D とすると

$D=(-6)^2-4\times1\times12=-12<0$

よって，③は実数解をもたない。

したがって，この円と直線の共有点は **ない**(0個)

103

点Pの座標を $(x,\ y)$ とすると

$PO=\sqrt{x^2+y^2}$

$PA=\sqrt{(x-5)^2+y^2}$

PO：PA＝2：3 だから

$2PA=3PO$

両辺を2乗すると　$4PA^2=9PO^2$

よって

$4\{(x-5)^2+y^2\}=9(x^2+y^2)$

整理すると

$x^2+y^2+8x-20=0$

変形して

$(x+4)^2+y^2=36$

したがって，求める軌跡は

中心の座標 (−4, 0)，半径 6 の円

104

点Pの座標を $(x,\ y)$ とすると

$\mathrm{PA}=\sqrt{x^2+(y-2)^2}$

$\mathrm{PB}=\sqrt{(x-4)^2+y^2}$

$\mathrm{PA}=\mathrm{PB}$ だから　$\mathrm{PA}^2=\mathrm{PB}^2$

よって

$x^2+(y-2)^2=(x-4)^2+y^2$

整理すると

$y=2x-3$

したがって，求める軌跡は　**直線 $\boldsymbol{y=2x-3}$**

105

(1)

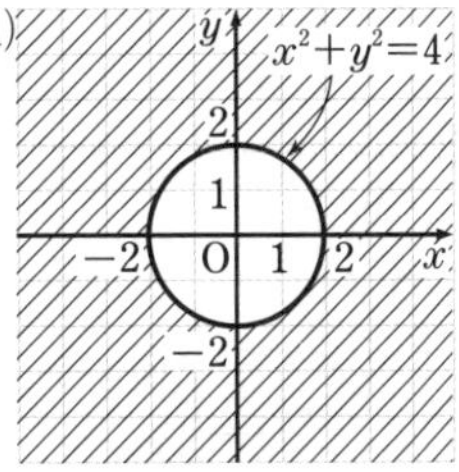

境界線を含む。

(2)

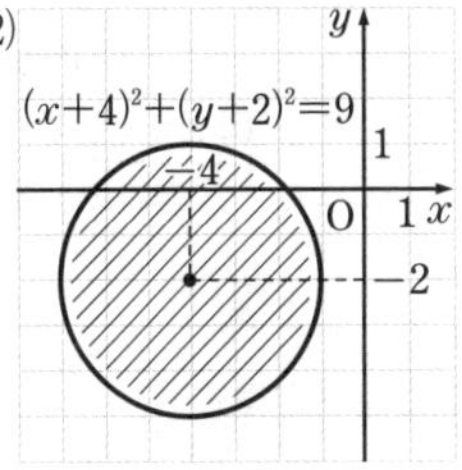

境界線を含まない。

106

(1)

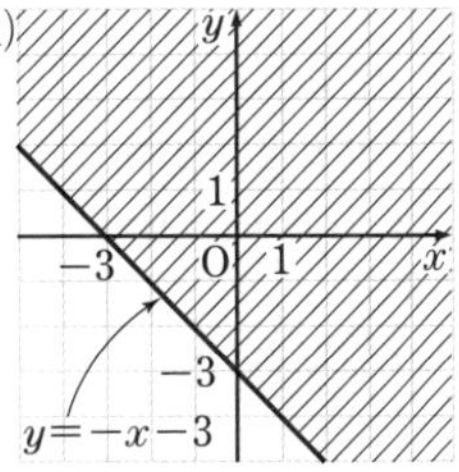

境界線を含む。

(2)

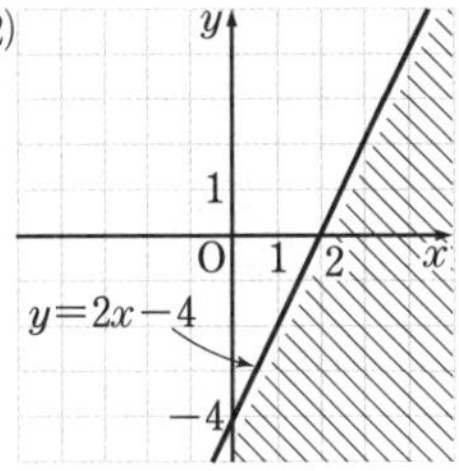

境界線を含まない。

107

(1)

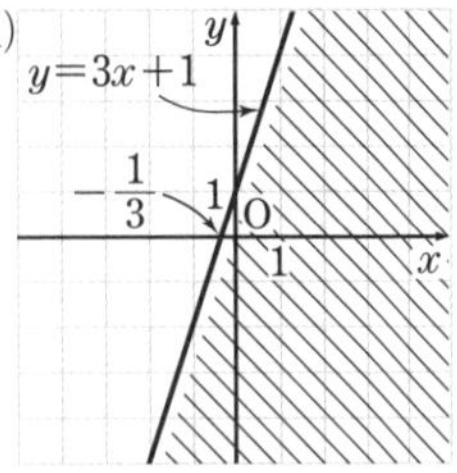

境界線を含まない。

(2)

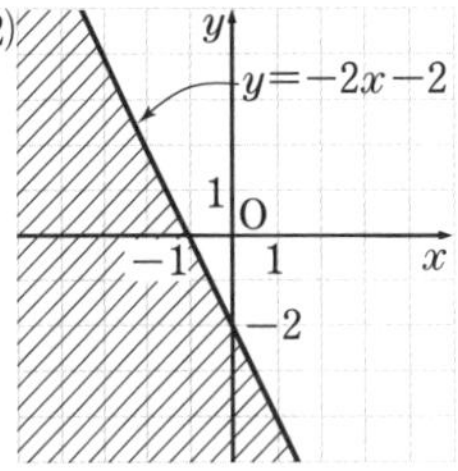

境界線を含む。

108

(1)

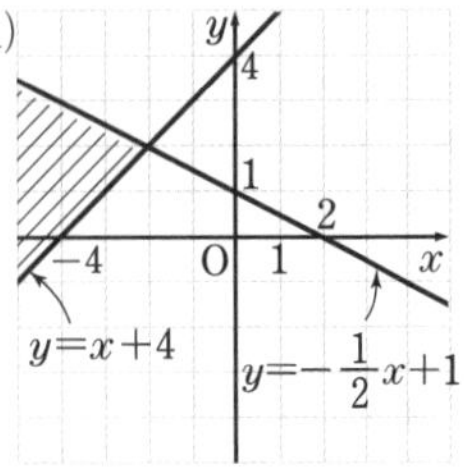

境界線を含まない。

(2)

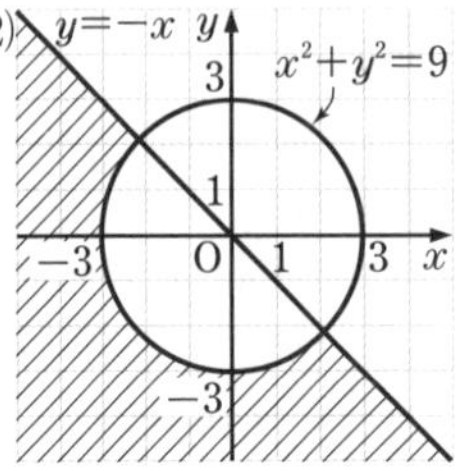

境界線を含む。

109

$x^2+y^2+lx+my+n=0$ とおくと

点 $\mathrm{O}(0,\ 0)$，$\mathrm{A}(5,\ -1)$，$\mathrm{B}(4,\ -6)$ を通るから

$$\begin{cases} n=0 & \text{------①} \\ 5l-m+n=-26 & \text{------②} \\ 4l-6m+n=-52 & \text{------③} \end{cases}$$

①を②，③に代入して整理すると

$$\begin{cases} 5l-m=-26 \\ 2l-3m=-26 \end{cases}$$

上の連立方程式を解くと

$l=-4,\ m=6$

よって，求める円の方程式は

$\boldsymbol{x^2+y^2-4x+6y=0}$

110

(1)

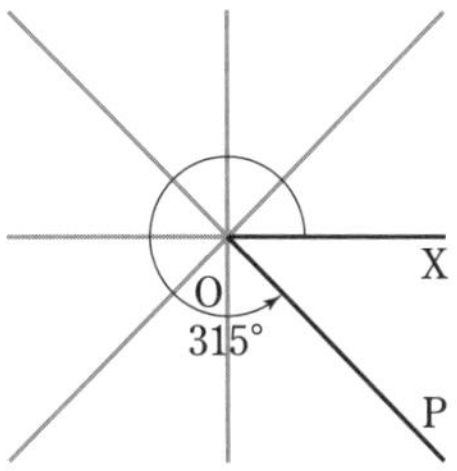

(2)

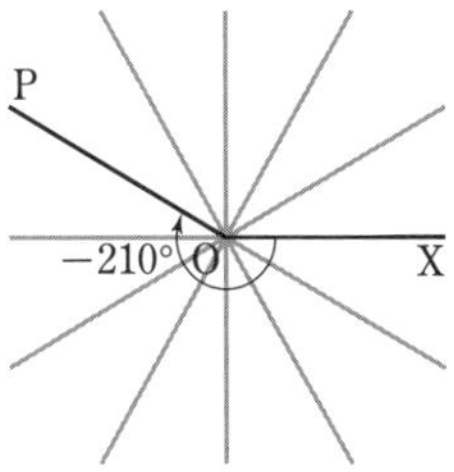

111

(1) **330° + 360° × 1**

(2) **160° + 360° × 3**

(3) **20° + 360° × (−2)**

112

(1) 右の図から

$\sin 330° = \dfrac{-1}{2} = -\mathbf{\dfrac{1}{2}}$

$\cos 330° = \mathbf{\dfrac{\sqrt{3}}{2}}$

$\tan 330° = \dfrac{-1}{\sqrt{3}} = -\mathbf{\dfrac{1}{\sqrt{3}}}$

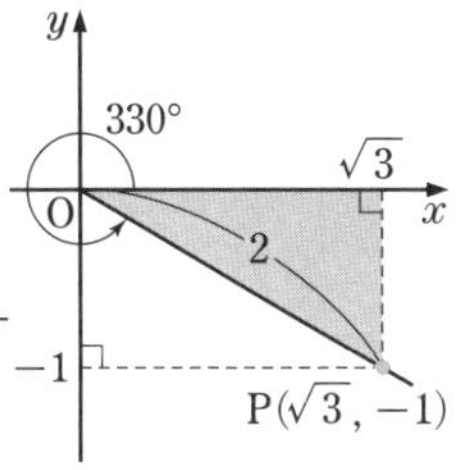

(2) 右の図から

$\sin(-135°) = \dfrac{-1}{\sqrt{2}} = -\mathbf{\dfrac{1}{\sqrt{2}}}$

$\cos(-135°) = \dfrac{-1}{\sqrt{2}} = -\mathbf{\dfrac{1}{\sqrt{2}}}$

$\tan(-135°) = \dfrac{-1}{-1} = \mathbf{1}$

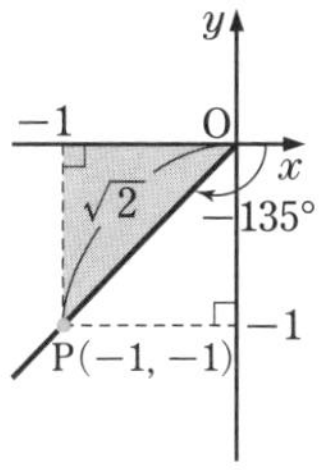

113

(1) **第 3 象限の角**

(2) **第 1 象限の角**

(3) **第 2 象限の角**

(4) **第 4 象限の角**

114

$\sin\theta = -\dfrac{1}{4}$ を $\sin^2\theta + \cos^2\theta = 1$ に代入すると

$$\left(-\frac{1}{4}\right)^2 + \cos^2\theta = 1$$

よって　$\cos^2\theta = 1 - \left(-\dfrac{1}{4}\right)^2 = \dfrac{15}{16}$

θ は第 4 象限の角だから　$\cos\theta > 0$

したがって　$\mathbf{\cos\theta} = \sqrt{\dfrac{15}{16}} = \mathbf{\dfrac{\sqrt{15}}{4}}$

また　$\mathbf{\tan\theta} = \dfrac{\sin\theta}{\cos\theta}$

$= -\dfrac{1}{4} \div \dfrac{\sqrt{15}}{4}$

$= -\dfrac{1}{4} \times \dfrac{4}{\sqrt{15}} = -\mathbf{\dfrac{1}{\sqrt{15}}}$

115

$\cos\theta = -\dfrac{3}{5}$ を $\sin^2\theta + \cos^2\theta = 1$ に代入すると

$$\sin^2\theta + \left(-\frac{3}{5}\right)^2 = 1$$

よって　$\sin^2\theta = 1 - \left(-\dfrac{3}{5}\right)^2 = \dfrac{16}{25}$

θ は第 3 象限の角だから　$\sin\theta < 0$

したがって　$\mathbf{\sin\theta} = -\sqrt{\dfrac{16}{25}} = -\mathbf{\dfrac{4}{5}}$

また　$\mathbf{\tan\theta} = \dfrac{\sin\theta}{\cos\theta}$

$= -\dfrac{4}{5} \div \left(-\dfrac{3}{5}\right) = -\dfrac{4}{5} \times \left(-\dfrac{5}{3}\right) = \mathbf{\dfrac{4}{3}}$

116

(1) $\sin 510° = \sin(150° + 360°)$

$= \sin 150°$

$= \mathbf{\dfrac{1}{2}}$

(2) $\cos 450° = \cos(90° + 360°)$

$= \cos 90°$

$= \mathbf{0}$

117

(1) $\sin(-27°) = -\sin 27°$

$= \mathbf{-0.4540}$

(2) $\tan(-85°) = -\tan 85°$

$= \mathbf{-11.4301}$

118

(1) $\sin 195° = \sin(15° + 180°)$

$= -\sin 15°$

$= \mathbf{-0.2588}$

(2) $\cos 220° = \cos(40° + 180°)$

$= -\cos 40°$

$= \mathbf{-0.7660}$

(3) $\tan 245° = \tan(65° + 180°)$

$= \tan 65°$

$= \mathbf{2.1445}$

119

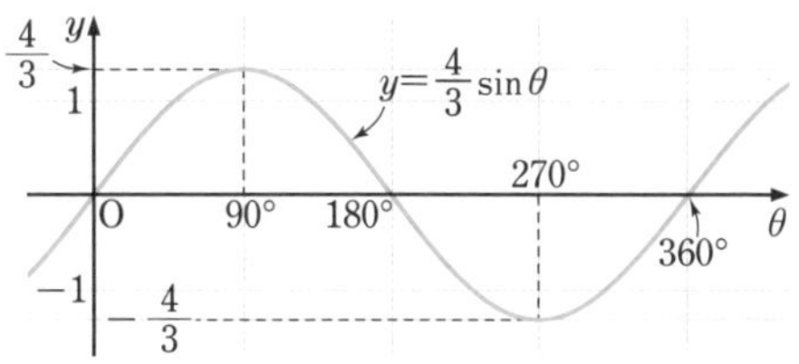

120

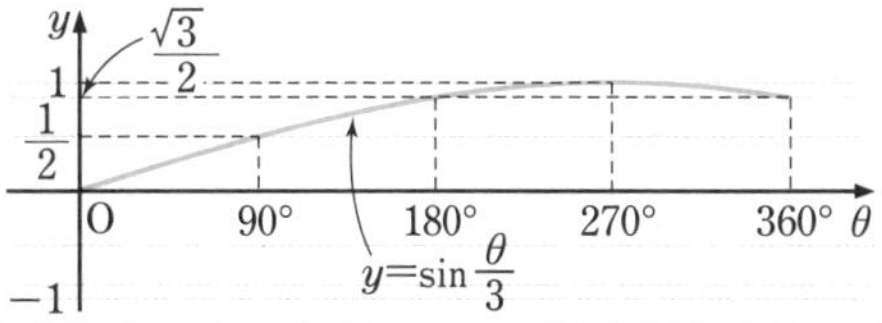

121

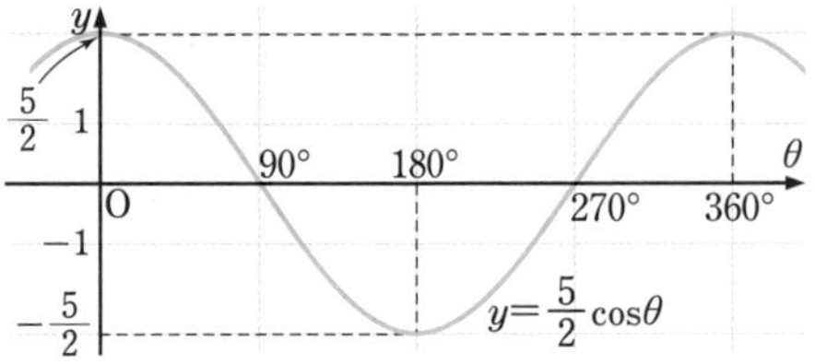

122

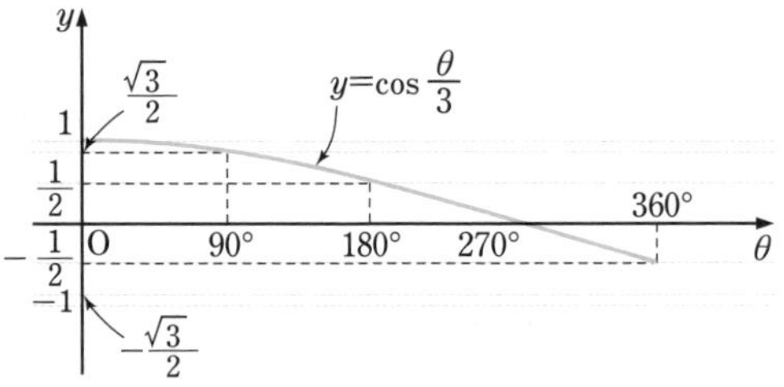

123

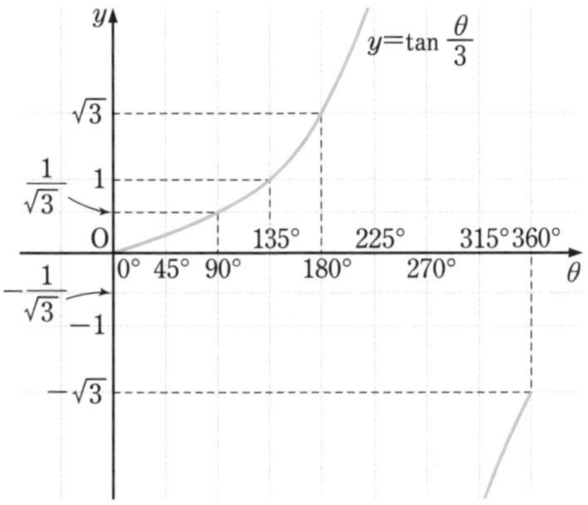

124

(1)　$\sin 195^\circ$

$= \sin(135^\circ + 60^\circ)$

$= \sin 135^\circ \cos 60^\circ + \cos 135^\circ \sin 60^\circ$

$= \dfrac{\sqrt{2}}{2} \times \dfrac{1}{2} + \left(-\dfrac{\sqrt{2}}{2}\right) \times \dfrac{\sqrt{3}}{2}$

$= \boldsymbol{\dfrac{\sqrt{2} - \sqrt{6}}{4}}$

(2)　$\cos 195^\circ$

$= \cos(135^\circ + 60^\circ)$

$= \cos 135^\circ \cos 60^\circ - \sin 135^\circ \sin 60^\circ$

$= -\dfrac{\sqrt{2}}{2} \times \dfrac{1}{2} - \dfrac{\sqrt{2}}{2} \times \dfrac{\sqrt{3}}{2}$

$= \boldsymbol{\dfrac{-\sqrt{2} - \sqrt{6}}{4}}$

125

(1)　$\sin 15^\circ$

$= \sin(60^\circ - 45^\circ)$

$= \sin 60^\circ \cos 45^\circ - \cos 60^\circ \sin 45^\circ$

$= \dfrac{\sqrt{3}}{2} \times \dfrac{\sqrt{2}}{2} - \dfrac{1}{2} \times \dfrac{\sqrt{2}}{2}$

$= \boldsymbol{\dfrac{\sqrt{6} - \sqrt{2}}{4}}$

(2)　$\cos 15^\circ$

$= \cos(60^\circ - 45^\circ)$

$= \cos 60^\circ \cos 45^\circ + \sin 60^\circ \sin 45^\circ$

$= \dfrac{1}{2} \times \dfrac{\sqrt{2}}{2} + \dfrac{\sqrt{3}}{2} \times \dfrac{\sqrt{2}}{2}$

$= \boldsymbol{\dfrac{\sqrt{2} + \sqrt{6}}{4}}$

126

$\sin^2\alpha = 1 - \cos^2\alpha = 1 - \left(-\dfrac{3}{4}\right)^2 = \dfrac{7}{16}$

α は第 2 象限の角だから　$\sin\alpha > 0$

よって　$\sin\alpha = \sqrt{\dfrac{7}{16}} = \dfrac{\sqrt{7}}{4}$

したがって

$\boldsymbol{\sin 2\alpha} = 2\sin\alpha\cos\alpha$

$= 2 \times \dfrac{\sqrt{7}}{4} \times \left(-\dfrac{3}{4}\right) = \boldsymbol{-\dfrac{3\sqrt{7}}{8}}$

$\boldsymbol{\cos 2\alpha} = 2\cos^2\alpha - 1$

$= 2 \times \left(-\dfrac{3}{4}\right)^2 - 1 = \boldsymbol{\dfrac{1}{8}}$

127

$\cos^2\alpha = 1 - \sin^2\alpha = 1 - \left(-\dfrac{1}{3}\right)^2 = \dfrac{8}{9}$

α は第 4 象限の角だから　$\cos\alpha > 0$

よって　$\cos\alpha = \sqrt{\dfrac{8}{9}} = \dfrac{2\sqrt{2}}{3}$

したがって

$\boldsymbol{\sin 2\alpha} = 2\sin\alpha\cos\alpha$

$= 2 \times \left(-\dfrac{1}{3}\right) \times \dfrac{2\sqrt{2}}{3} = \boldsymbol{-\dfrac{4\sqrt{2}}{9}}$

$\boldsymbol{\cos 2\alpha} = 1 - 2\sin^2\alpha$

$= 1 - 2 \times \left(-\dfrac{1}{3}\right)^2 = \boldsymbol{\dfrac{7}{9}}$

128

$a = -1,\ b = -1$ だから

$r = \sqrt{(-1)^2 + (-1)^2} = \sqrt{2}$

$\alpha = -135^\circ$

よって　$-\sin\theta - \cos\theta = \boldsymbol{\sqrt{2}\sin(\theta - 135^\circ)}$

129

$a = \sqrt{2},\ b = \sqrt{6}$ だから

$r = \sqrt{(\sqrt{2})^2 + (\sqrt{6})^2} = \sqrt{8} = 2\sqrt{2}$

$\alpha = 60^\circ$

よって　$\sqrt{2}\sin\theta + \sqrt{6}\cos\theta = \boldsymbol{2\sqrt{2}\sin(\theta + 60^\circ)}$

130

(1)　$210^\circ = 210 \times 1^\circ = 210 \times \dfrac{\pi}{180} = \boldsymbol{\dfrac{7}{6}\pi}$

(2)　$-405^\circ = -405 \times 1^\circ = -405 \times \dfrac{\pi}{180} = \boldsymbol{-\dfrac{9}{4}\pi}$

131

(1)　$\dfrac{7}{5}\pi = \dfrac{7}{5} \times \pi = \dfrac{7}{5} \times 180^\circ = \boldsymbol{252^\circ}$

(2)　$-3\pi = -3 \times \pi = -3 \times 180^\circ = \boldsymbol{-540^\circ}$

132

(1) $\boldsymbol{l}=r\theta=12\times\frac{5}{6}\pi=\mathbf{10\pi}$

$\boldsymbol{S}=\frac{1}{2}rl=\frac{1}{2}\times12\times10\pi=\mathbf{60\pi}$

(2) $\boldsymbol{l}=r\theta=8\times\frac{7}{12}\pi=\mathbf{\frac{14}{3}\pi}$

$\boldsymbol{S}=\frac{1}{2}rl=\frac{1}{2}\times8\times\frac{14}{3}\pi=\mathbf{\frac{56}{3}\pi}$

133

$\tan105^\circ=\tan(45^\circ+60^\circ)$

$=\frac{\tan45^\circ+\tan60^\circ}{1-\tan45^\circ\tan60^\circ}$

$=\frac{1+\sqrt{3}}{1-1\times\sqrt{3}}$

$=\mathbf{\frac{1+\sqrt{3}}{1-\sqrt{3}}}$

(分母を有理化すると $\mathbf{-2-\sqrt{3}}$ となる)

134

(1) $a^5\times a^8=a^{5+8}=\boldsymbol{a}^{13}$

(2) $(a^4)^5=a^{4\times5}=\boldsymbol{a}^{20}$

(3) $(2a^3)^5=2^5\times a^{3\times5}=\mathbf{32}\boldsymbol{a}^{15}$

(4) $(3a^2b^4)^3=3^3\times a^{2\times3}\times b^{4\times3}=\mathbf{27}\boldsymbol{a}^6\boldsymbol{b}^{12}$

(5) $a^2b\times(a^4b^3)^2=a^2b\times a^8b^6=a^{2+8}\times b^{1+6}=\boldsymbol{a}^{10}\boldsymbol{b}^7$

135

(1) **1**　(2) 順に **5**, **32**

(3) 順に **2**, **49**　(4) 順に **4**, **10000**, **5000**

136

(1) $8^6\times8^{-4}=8^{6+(-4)}=8^2=\mathbf{64}$

(2) $(5^{-1})^3=5^{-1\times3}=5^{-3}=\frac{1}{5^3}=\mathbf{\frac{1}{125}}$

(3) $7^{-9}\div7^{-10}=7^{-9-(-10)}=7^1=\mathbf{7}$

(4) $10^6\times(10^2)^{-3}=10^6\times10^{2\times(-3)}=10^6\times10^{-6}$

$=10^{6+(-6)}=10^0=\mathbf{1}$

137

(1) $4^6\times4^{-2}\div4^3=4^{6+(-2)-3}$

$=4^{6-2-3}$

$=4^1=\mathbf{4}$

(2) $(2^4)^3\times2^{-7}\div2^3=2^{4\times3}\times2^{-7}\div2^3$

$=2^{12+(-7)-3}$

$=2^2$

$=\mathbf{4}$

(3) $3^4\div3^{-2}\times3^{-8}=3^{4-(-2)+(-8)}$

$=3^{4+2-8}$

$=3^{-2}=\frac{1}{3^2}=\mathbf{\frac{1}{9}}$

138

(1) $8=2^3$ だから

$\sqrt[3]{8}=\mathbf{2}$

(2) $243=3^5$ だから

$\sqrt[5]{243}=\mathbf{3}$

(3) $1=1^7$ だから

$\sqrt[7]{1}=\mathbf{1}$

(4) $\frac{1}{16}=\left(\frac{1}{2}\right)^4$ だから

$\sqrt[4]{\frac{1}{16}}=\mathbf{\frac{1}{2}}$

139

(1) $\sqrt[5]{4}\times\sqrt[5]{8}=\sqrt[5]{4\times8}=\sqrt[5]{32}$

$=\sqrt[5]{2^5}=\mathbf{2}$

(2) $\sqrt[4]{2}\times\sqrt[4]{3}=\sqrt[4]{2\times3}=\mathbf{\sqrt[4]{6}}$

(3) $\frac{\sqrt[6]{20}}{\sqrt[6]{4}}=\sqrt[6]{\frac{20}{4}}=\mathbf{\sqrt[6]{5}}$

(4) $\frac{\sqrt[3]{243}}{\sqrt[3]{9}}=\sqrt[3]{\frac{243}{9}}=\sqrt[3]{27}$

$=\sqrt[3]{3^3}=\mathbf{3}$

140

(1) $(\sqrt[3]{10})^2=\sqrt[3]{10^2}=\mathbf{\sqrt[3]{100}}$

(2) $(\sqrt[4]{3})^3=\sqrt[4]{3^3}=\mathbf{\sqrt[4]{27}}$

(3) $(\sqrt[4]{100})^2=\sqrt[4]{100^2}=\sqrt[4]{10000}=\sqrt[4]{10^4}=\mathbf{10}$

(4) $\left(\sqrt[4]{\frac{1}{9}}\right)^2=\sqrt[4]{\left(\frac{1}{9}\right)^2}=\sqrt[4]{\frac{1}{81}}=\sqrt[4]{\left(\frac{1}{3}\right)^4}=\mathbf{\frac{1}{3}}$

141

(1) **3**

(2) 順に　**4**, **3**, **4**, **27**

(3) 順に　**3**, **1000**

(4) 順に　$\mathbf{\frac{2}{5}}$, **5**, **2**, **5**, **49**

142

(1) $2^{\frac{10}{3}}\times2^{\frac{2}{3}}=2^{\frac{10}{3}+\frac{2}{3}}=2^{\frac{12}{3}}=2^4=\mathbf{16}$

(2) $(3^6)^{\frac{1}{2}}=3^{6\times\frac{1}{2}}=3^3=\mathbf{27}$

(3) $9^{-\frac{3}{2}}=(3^2)^{-\frac{3}{2}}=3^{2\times\left(-\frac{3}{2}\right)}=3^{-3}$

$=\frac{1}{3^3}=\mathbf{\frac{1}{27}}$

(4) $6^{\frac{1}{3}}\times6^{-\frac{7}{3}}=6^{\frac{1}{3}+\left(-\frac{7}{3}\right)}=6^{\frac{1}{3}-\frac{7}{3}}$

$=6^{-\frac{6}{3}}=6^{-2}=\frac{1}{6^2}=\mathbf{\frac{1}{36}}$

143

(1) $10^{\frac{9}{4}}\div10^{\frac{5}{4}}=10^{\frac{9}{4}-\frac{5}{4}}=10^{\frac{4}{4}}=10^1=\mathbf{10}$

(2) $16^{\frac{1}{3}}\times16^{\frac{1}{6}}=16^{\frac{1}{3}+\frac{1}{6}}=16^{\frac{2}{6}+\frac{1}{6}}$

$=16^{\frac{3}{6}}=16^{\frac{1}{2}}=(4^2)^{\frac{1}{2}}=4^1=\mathbf{4}$

(3) $7^{\frac{4}{5}}\div7^{-\frac{6}{5}}=7^{\frac{4}{5}-\left(-\frac{6}{5}\right)}=7^{\frac{4}{5}+\frac{6}{5}}$

$=7^{\frac{10}{5}}=7^2=\mathbf{49}$

(4) $11^{-\frac{7}{4}}\div11^{\frac{1}{2}}\times11^{\frac{9}{4}}=11^{-\frac{7}{4}-\frac{1}{2}+\frac{9}{4}}$

$=11^{-\frac{7}{4}-\frac{2}{4}+\frac{9}{4}}$

$=11^0=\mathbf{1}$

144

(1) $\sqrt[5]{6^2} \times \sqrt[5]{6^8} = 6^{\frac{2}{5}} \times 6^{\frac{8}{5}}$
$= 6^{\frac{2}{5}+\frac{8}{5}} = 6^2 = \mathbf{36}$

(2) $\sqrt[6]{4} \times \sqrt[3]{4} = 4^{\frac{1}{6}} \times 4^{\frac{1}{3}}$
$= 4^{\frac{1}{6}+\frac{1}{3}} = 4^{\frac{1}{2}}$
$= (2^2)^{\frac{1}{2}} = \mathbf{2}$

(3) $\sqrt[4]{27} \times \sqrt[8]{9} = 27^{\frac{1}{4}} \times 9^{\frac{1}{8}}$
$= (3^3)^{\frac{1}{4}} \times (3^2)^{\frac{1}{8}}$
$= 3^{\frac{3}{4}} \times 3^{\frac{1}{4}}$
$= 3^{\frac{3}{4}+\frac{1}{4}} = 3^{\frac{4}{4}} = \mathbf{3}$

145

(1) $\sqrt[3]{2^5} \div \sqrt[6]{16} = 2^{\frac{5}{3}} \div 16^{\frac{1}{6}}$
$= 2^{\frac{5}{3}} \div (2^4)^{\frac{1}{6}}$
$= 2^{\frac{5}{3}} \div 2^{\frac{2}{3}}$
$= 2^{\frac{5}{3}-\frac{2}{3}} = 3^{\frac{3}{3}} = \mathbf{2}$

(2) $\sqrt[4]{3^6} \div \sqrt[8]{81} = 3^{\frac{6}{4}} \div 81^{\frac{1}{8}}$
$= 3^{\frac{3}{2}} \div (3^4)^{\frac{1}{8}}$
$= 3^{\frac{3}{2}} \div 3^{\frac{1}{2}}$
$= 3^{\frac{3}{2}-\frac{1}{2}} = 3^{\frac{2}{2}} = \mathbf{3}$

(3) $\sqrt[4]{25} \div \sqrt{5^3} = 25^{\frac{1}{4}} \div 5^{\frac{3}{2}}$
$= (5^2)^{\frac{1}{4}} \div 5^{\frac{3}{2}}$
$= 5^{\frac{1}{2}} \div 5^{\frac{3}{2}}$
$= 5^{\frac{1}{2}-\frac{3}{2}} = 5^{-\frac{2}{2}} = \mathbf{\frac{1}{5}}$

146

x	$\cdots$	-2	-1	0	1	2	$\cdots$
y	$\cdots$	$\mathbf{\frac{4}{9}}$	$\mathbf{\frac{2}{3}}$	**1**	$\mathbf{\frac{3}{2}}$	$\mathbf{\frac{9}{4}}$	$\cdots$

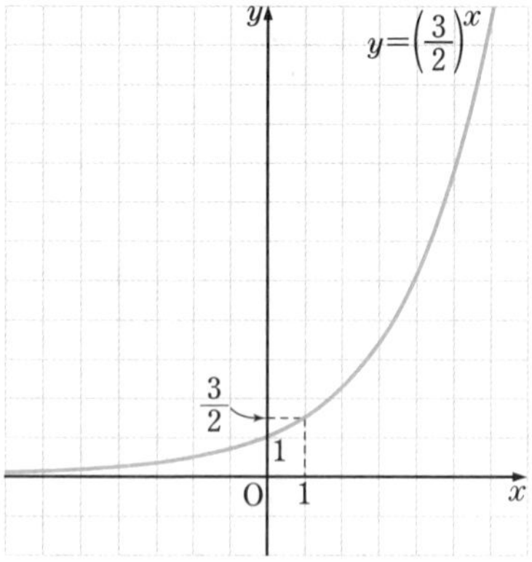

147

x	$\cdots$	-2	-1	0	1	2	$\cdots$
y	$\cdots$	$\mathbf{\frac{9}{4}}$	$\mathbf{\frac{3}{2}}$	**1**	$\mathbf{\frac{2}{3}}$	$\mathbf{\frac{4}{9}}$	$\cdots$

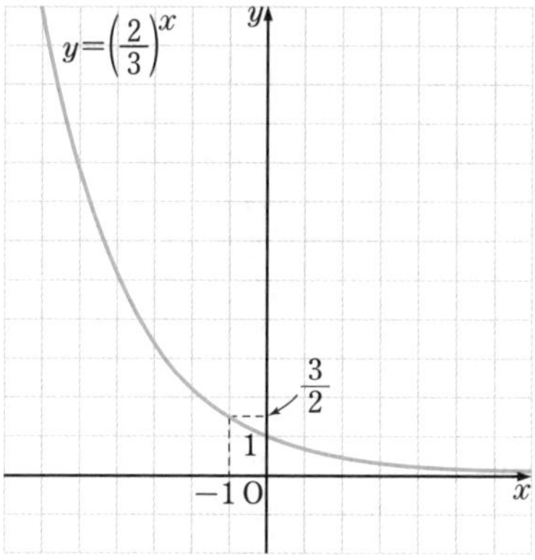

148

(1) 底の 5 は，1 より大きく
指数の大小を比べると　$-3 < 0 < 4$
よって　$\mathbf{5^{-3} < 5^0 < 5^4}$

(2) 底の $\frac{3}{10}$ は，1 より小さく
指数の大小を比べると　$0 < \frac{5}{3} < 2$
よって　$\mathbf{\left(\frac{3}{10}\right)^0 > \left(\frac{3}{10}\right)^{\frac{5}{3}} > \left(\frac{3}{10}\right)^2}$

149

(1) $4^x = (2^2)^x = 2^{2x}$，$64 = 2^6$ だから
$2^{2x} = 2^6$
よって　$2x = 6$
$\mathbf{x = 3}$

(2) $27^x = (3^3)^x = 3^{3x}$，$\frac{1}{9} = 3^{-2}$ だから
$3^{3x} = 3^{-2}$
よって　$3x = -2$
$\mathbf{x = -\frac{2}{3}}$

(3) $\sqrt{125} = \sqrt{5^3} = 5^{\frac{3}{2}}$ だから
$5^{x+1} = 5^{\frac{3}{2}}$
よって　$x + 1 = \frac{3}{2}$
$\mathbf{x = \frac{1}{2}}$

150

(1) $\mathbf{\log_5 125 = 3}$

(2) $\mathbf{\log_3 \frac{1}{27} = -3}$

(3) $\mathbf{\log_5 \sqrt{5} = \frac{1}{2}}$

(4) $\mathbf{\log_{10} 10 = 1}$

151

(1) $\mathbf{64 = 8^2}$

(2) $\mathbf{128 = 2^7}$

(3) $\mathbf{\sqrt{3} = 3^{\frac{1}{2}}}$

(4) $\mathbf{1 = 7^0}$

152

(1) $\log_7 49$ は，49 は 7 の何乗になるかを表す値である。

$49 = 7^2$ だから　$\log_7 49 = \mathbf{2}$

(2) $\log_2 32$ は，32 は 2 の何乗になるかを表す値である。

$32 = 2^5$ だから　$\log_2 32 = \mathbf{5}$

(3) $\log_3 81$ は，81 は 3 の何乗になるかを表す値である。

$81 = 3^4$ だから　$\log_3 81 = \mathbf{4}$

(4) $\log_6 6$ は，6 は 6 の何乗になるかを表す値である。

$6 = 6^1$ だから　$\log_6 6 = \mathbf{1}$

153

(1) $\log_5 \frac{1}{25}$ は，$\frac{1}{25}$ は 5 の何乗になるかを表す値である。

$\frac{1}{25} = 5^{-2}$ だから　$\log_5 \frac{1}{25} = \mathbf{-2}$

(2) $\log_4 \frac{1}{64}$ は，$\frac{1}{64}$ は 4 の何乗になるかを表す値である。

$\frac{1}{64} = 4^{-3}$ だから　$\log_4 \frac{1}{64} = \mathbf{-3}$

(3) $\log_3 \frac{1}{3}$ は，$\frac{1}{3}$ は 3 の何乗になるかを表す値である。

$\frac{1}{3} = 3^{-1}$ だから　$\log_3 \frac{1}{3} = \mathbf{-1}$

(4) $\log_8 1$ は，1 は 8 の何乗になるかを表す値である。

$1 = 8^0$ だから　$\log_8 1 = \mathbf{0}$

154

(1) $\log_6 3 + \log_6 2 = \log_6 (3 \times 2)$
$= \log_6 6 = \mathbf{1}$

(2) $\log_8 4 + \log_8 16 = \log_8 (4 \times 16)$
$= \log_8 64$
$= \log_8 8^2 = \mathbf{2}$

(3) $\log_{10} 25 + \log_{10} 4 = \log_{10} (25 \times 4)$
$= \log_{10} 100$
$= \log_{10} 10^2 = \mathbf{2}$

155

(1) $\log_2 12 - \log_2 6 = \log_2 \frac{12}{6}$
$= \log_2 2 = \mathbf{1}$

(2) $\log_3 63 - \log_3 7 = \log_3 \frac{63}{7}$
$= \log_3 9$
$= \log_3 3^2 = \mathbf{2}$

(3) $\log_5 12 - \log_5 60 = \log_5 \frac{12}{60} = \log_5 \frac{1}{5}$
$= \log_5 5^{-1} = \mathbf{-1}$

156

(1) $\log_6 \sqrt{2} + \log_6 \sqrt{3} = \log_6 (\sqrt{2} \times \sqrt{3})$
$= \log_6 \sqrt{6}$
$= \log_6 6^{\frac{1}{2}} = \mathbf{\frac{1}{2}}$

(2) $\log_5 \sqrt{35} - \log_5 \sqrt{7} = \log_5 \frac{\sqrt{35}}{\sqrt{7}}$
$= \log_5 \sqrt{5}$
$= \log_5 5^{\frac{1}{2}} = \mathbf{\frac{1}{2}}$

(3) $\log_2 \sqrt{12} - \frac{1}{2}\log_2 3 = \log_2 \sqrt{12} - \log_2 3^{\frac{1}{2}}$
$= \log_2 \sqrt{12} - \log_2 \sqrt{3}$
$= \log_2 \frac{\sqrt{12}}{\sqrt{3}}$
$= \log_2 \sqrt{4}$
$= \log_2 2 = \mathbf{1}$

157

(1) $\log_2 12 + \log_2 10 - \log_2 15$
$= \log_2 \frac{12 \times 10}{15}$
$= \log_2 8$
$= \log_2 2^3 = \mathbf{3}$

(2) $2\log_3 6 - \log_3 12$
$= \log_3 6^2 - \log_3 12$
$= \log_3 \frac{36}{12}$
$= \log_3 3 = \mathbf{1}$

(3) $2\log_6 3 + \log_6 20 - \log_6 5$
$= \log_6 3^2 + \log_6 20 - \log_6 5$
$= \log_6 \frac{9 \times 20}{5}$
$= \log_6 36$
$= \log_6 6^2 = \mathbf{2}$

158

x	…	$\frac{1}{64}$	$\frac{1}{16}$	$\frac{1}{4}$	1	4	16	…
y	…	**−3**	**−2**	**−1**	**0**	**1**	**2**	…

159

(1) 底の 10 は，1 より大きく，真数の大小を比べると
$7 < 11$
よって
$\mathbf{\log_{10} 7 < \log_{10} 11}$

(2) 底の $\frac{1}{2}$ は，1 より小さく，真数の大小を比べると
$9 < 10$
よって
$\mathbf{\log_{\frac{1}{2}} 9 > \log_{\frac{1}{2}} 10}$

160

(1) **0.3909**

(2) **0.6803**

(3) **0.8825**

(4) **0.9201**

161

(1) $\log_{10} 36.5 = \log_{10}(3.65 \times 10)$
$= \log_{10} 3.65 + \log_{10} 10$
$= 0.5623 + 1$
$= \mathbf{1.5623}$

(2) $\log_{10} 962 = \log_{10}(9.62 \times 100)$
$= \log_{10} 9.62 + \log_{10} 100$
$= 0.9832 + 2$
$= \mathbf{2.9832}$

(3) $\log_{10} 0.0798 = \log_{10} \dfrac{7.98}{100}$
$= \log_{10} 7.98 - \log_{10} 100$
$= 0.9020 - 2$
$= \mathbf{-1.0980}$

162

$\log_{10} 2^{50} = 50\log_{10} 2$
$= 50 \times 0.3010$
$= 15.050$

よって　$2^{50} = 10^{15.050}$

$10^{15} < 10^{15.050} < 10^{16}$ から

$10^{15} < 2^{50} < 10^{16}$

したがって，2^{50} は **16 けたの整数**である。

163

$\log_{10} 3^{40} = 40\log_{10} 3$
$= 40 \times 0.4771$
$= 19.084$

よって　$3^{40} = 10^{19.084}$

$10^{19} < 10^{19.084} < 10^{20}$ から

$10^{19} < 3^{40} < 10^{20}$

したがって，3^{40} は **20 けたの整数**である。

164

(1) $\log_{16} 64 = \dfrac{\log_2 64}{\log_2 16} = \dfrac{\log_2 2^6}{\log_2 2^4}$
$= \dfrac{6}{4} = \mathbf{\dfrac{3}{2}}$

(2) $\log_{25} \sqrt{5} = \dfrac{\log_5 \sqrt{5}}{\log_5 25} = \dfrac{\log_5 5^{\frac{1}{2}}}{\log_5 5^2}$
$= \dfrac{1}{2} \div 2 = \mathbf{\dfrac{1}{4}}$

(3) $\log_{27} \dfrac{1}{9} = \dfrac{\log_3 \frac{1}{9}}{\log_3 27} = \dfrac{\log_3 3^{-2}}{\log_3 3^3}$
$= \dfrac{-2}{3} = \mathbf{-\dfrac{2}{3}}$

165

(1) $\log_2 6 - \log_8 216 = \log_2 6 - \dfrac{\log_2 216}{\log_2 8}$
$= \log_2 6 - \dfrac{\log_2 6^3}{\log_2 2^3}$
$= \log_2 6 - \dfrac{3\log_2 6}{3}$
$= \log_2 6 - \log_2 6$
$= \mathbf{0}$

(2) $\log_2 24 - \log_4 36 = \log_2 24 - \dfrac{\log_2 36}{\log_2 4}$
$= \log_2 24 - \dfrac{\log_2 6^2}{\log_2 2^2}$
$= \log_2 24 - \dfrac{2\log_2 6}{2}$
$= \log_2 24 - \log_2 6$
$= \log_2 \dfrac{24}{6}$
$= \log_2 4$
$= \log_2 2^2$
$= \mathbf{2}$

166

(左辺) $= 25^x = (5^2)^x = 5^{2x}$

(右辺) $= 125 = 5^3$ だから

$5^{2x} > 5^3$

底の 5 は，1 より大きいから

$2x > 3$

よって　$\boldsymbol{x > \dfrac{3}{2}}$

167

(左辺) $= \left(\dfrac{1}{9}\right)^x = \left\{\left(\dfrac{1}{3}\right)^2\right\}^x = \left(\dfrac{1}{3}\right)^{2x}$

(右辺) $= \dfrac{1}{243} = \left(\dfrac{1}{3}\right)^5$ だから

$\left(\dfrac{1}{3}\right)^{2x} < \left(\dfrac{1}{3}\right)^5$

底の $\dfrac{1}{3}$ は，1 より小さいから

$2x > 5$

よって　$\boldsymbol{x > \dfrac{5}{2}}$

168

x は正の数だから　$x > 0$　------①

(左辺) $= \log_3 x + \log_3 6 = \log_3(x \times 6) = \log_3 6x$

(右辺) $= 3 = \log_3 3^3 = \log_3 27$

よって　$\log_3 6x = \log_3 27$

$6x = 27$

$x = \dfrac{9}{2}$

これは，①をみたすから，求める解は

$\boldsymbol{x = \dfrac{9}{2}}$

169

x は正の数だから　$x>0$　------①

$(左辺)=\log_3 x+\log_3 5=\log_3(x\times 5)=\log_3 5x$

$(右辺)=4=\log_3 3^4=\log_3 81$

よって　$\log_3 5x<\log_3 81$

底の 3 は，1 より大きいから

$$5x<81$$

$$x<\frac{81}{5}\quad \text{------②}$$

①，②から，求める解は

$$\boldsymbol{0<x<\frac{81}{5}}$$

4章 微分と積分

170

(1) $f(1)=4\times 1^2=\mathbf{4}$

(2) $f(2)=4\times 2^2=\mathbf{16}$

(3) $f(-1)=4\times(-1)^2=\mathbf{4}$

(4) $f(-3)=4\times(-3)^2=\mathbf{36}$

171

(1) $\dfrac{f(5)-f(3)}{5-3}=\dfrac{5^2-3^2}{5-3}=\dfrac{25-9}{2}=\dfrac{16}{2}=\mathbf{8}$

(2) $\dfrac{f(2)-f(-1)}{2-(-1)}=\dfrac{2^2-(-1)^2}{2+1}$

$=\dfrac{4-1}{3}=\dfrac{3}{3}=\mathbf{1}$

(3) $\dfrac{f(-1)-f(-3)}{-1-(-3)}=\dfrac{(-1)^2-(-3)^2}{-1+3}$

$=\dfrac{1-9}{2}=\dfrac{-8}{2}=\mathbf{-4}$

172

(1) $\displaystyle\lim_{h\to 0}(6+h)=\mathbf{6}$

(2) $\displaystyle\lim_{h\to 0}5(2-3h)=\mathbf{10}$

(3) $\displaystyle\lim_{h\to 0}\{-3(5+4h)\}=\mathbf{-15}$

(4) $\displaystyle\lim_{h\to 0}(-2+4h-3h^2)=\mathbf{-2}$

173

(1) $f(4+h)-f(4)=(4+h)^2-4^2$

$=8h+h^2$

$=h(8+h)$

よって　$\displaystyle f'(4)=\lim_{h\to 0}\frac{f(4+h)-f(4)}{h}$

$\displaystyle =\lim_{h\to 0}\frac{h(8+h)}{h}$

$\displaystyle =\lim_{h\to 0}(8+h)=\mathbf{8}$

(2) $f(-2+h)-f(-2)=(-2+h)^2-(-2)^2$

$=-4h+h^2$

$=h(-4+h)$

よって　$\displaystyle f'(-2)=\lim_{h\to 0}\frac{f(-2+h)-f(-2)}{h}$

$\displaystyle =\lim_{h\to 0}\frac{h(-4+h)}{h}$

$\displaystyle =\lim_{h\to 0}(-4+h)=\mathbf{-4}$

174

(1) $f(x+h)-f(x)=2(x+h)-2x$

$=2h$

よって　$\displaystyle f'(x)=\lim_{h\to 0}\frac{f(x+h)-f(x)}{h}$

$\displaystyle =\lim_{h\to 0}\frac{2h}{h}$

$\displaystyle =\lim_{h\to 0}2=\mathbf{2}$

(2) $f(x+h)-f(x)=4(x+h)^2-4x^2$

$=4(x^2+2xh+h^2)-4x^2$

$=h(8x+4h)$

よって　$f'(x)=\lim_{h\to 0}\dfrac{f(x+h)-f(x)}{h}$

$=\lim_{h\to 0}\dfrac{h(8x+4h)}{h}$

$=\lim_{h\to 0}(8x+4h)=\boldsymbol{8x}$

175

(1) $f(x+h)-f(x)=(x+h+3)-(x+3)=h$

よって　$f'(x)=\lim_{h\to 0}\dfrac{f(x+h)-f(x)}{h}$

$=\lim_{h\to 0}\dfrac{h}{h}=\lim_{h\to 0}1=\mathbf{1}$

(2) $f(x+h)-f(x)=\{(x+h)^2-5(x+h)\}-(x^2-5x)$

$=(x^2+2xh+h^2-5x-5h)-(x^2-5x)$

$=h(2x+h-5)$

よって　$f'(x)=\lim_{h\to 0}\dfrac{f(x+h)-f(x)}{h}$

$=\lim_{h\to 0}\dfrac{h(2x+h-5)}{h}$

$=\lim_{h\to 0}(2x+h-5)=\boldsymbol{2x-5}$

176

(1) $y'=(-3x^2)'=-3\times(x^2)'$

$=-3\times 2x=\boldsymbol{-6x}$

(2) $y'=(4x^3-x^2+3)'$

$=4\times(x^3)'-(x^2)'+(3)'$

$=4\times 3x^2-2x+0$

$=\boldsymbol{12x^2-2x}$

(3) $y'=(2x^3-5x^2+2x)'$

$=2\times(x^3)'-5\times(x^2)'+2\times(x)'$

$=2\times 3x^2-5\times 2x+2\times 1$

$=\boldsymbol{6x^2-10x+2}$

(4) $y'=(-5x^3+x^2-3x+2)'$

$=-5\times(x^3)'+(x^2)'-3\times(x)'+(2)'$

$=-5\times 3x^2+2x-3\times 1+0$

$=\boldsymbol{-15x^2+2x-3}$

177

(1) $y=(x+5)^2$

$=x^2+10x+25$

よって

$y'=(x^2+10x+25)'$

$=(x^2)'+10\times(x)'+(25)'$

$=2x+10\times 1+0$

$=\boldsymbol{2x+10}$

(2) $y=(x-3)(2x-1)$

$=2x^2-7x+3$

よって

$y'=(2x^2-7x+3)'$

$=2\times(x^2)'-7\times(x)'+(3)'$

$=2\times 2x-7\times 1+0$

$=\boldsymbol{4x-7}$

(3) $y=x^2(5x+8)$

$=5x^3+8x^2$

よって

$y'=(5x^3+8x^2)'$

$=5\times(x^3)'+8\times(x^2)'$

$=5\times 3x^2+8\times 2x$

$=\boldsymbol{15x^2+16x}$

(4) $y=3x(x-4)^2$

$=3x(x^2-8x+16)$

$=3x^3-24x^2+48x$

よって

$y'=(3x^3-24x^2+48x)'$

$=3\times(x^3)'-24\times(x^2)'+48\times(x)'$

$=3\times 3x^2-24\times 2x+48\times 1$

$=\boldsymbol{9x^2-48x+48}$

178

(1) $f(x)=-2x^2+4x$ とおくと　$f'(x)=-4x+4$

よって，求める接線の傾きは

$f'(2)=-4\times 2+4=\mathbf{-4}$

(2) (1)から　$f'(x)=-4x+4$ であるから，

求める接線の傾きは

$f'(-2)=-4\times(-2)+4=\mathbf{12}$

179

$f(x)=x^2-5x$ とおくと　$f'(x)=2x-5$

よって，接線の傾きは

$f'(1)=2\times 1-5=-3$

接線は点 $(1,\ -4)$ を通るから，求める接線の方程式は

$y-(-4)=-3(x-1)$

整理すると

$\boldsymbol{y=-3x-1}$

180

(1) $y'=2x-2$

$=2(x-1)$

$y'=0$ とすると　$x=1$

x	$\cdots$	1	$\cdots$
y'	$-$	0	$+$
y	↘	-1	↗

したがって　$\boldsymbol{1<x}$ **のとき，$\boldsymbol{y}$ は増加し，**

$\boldsymbol{x<1}$ **のとき，$\boldsymbol{y}$ は減少する。**

(2) $y'=-2x+4$

$=-2(x-2)$

$y'=0$ とすると　$x=2$

x	$\cdots$	2	$\cdots$
y'	$+$	0	$-$
y	↗	4	↘

したがって　$\boldsymbol{x<2}$ **のとき，$\boldsymbol{y}$ は増加し，**

$\boldsymbol{2<x}$ **のとき，$\boldsymbol{y}$ は減少する。**

181

(1) $y' = 3x^2 - 12x$

$= 3x(x-4)$

$y' = 0$ とすると　$x = 0,\ 4$

x	$\cdots$	0	$\cdots$	4	$\cdots$
y'	$+$	0	$-$	0	$+$
y	↗	0	↘	-32	↗

したがって　$\boldsymbol{x<0,\ 4<x}$ **のとき，*y* は増加し，**
$\boldsymbol{0<x<4}$ のとき，*y* は減少する。

(2) $y' = -3x^2 + 12$

$= -3(x+2)(x-2)$

$y' = 0$ とすると　$x = -2,\ 2$

x	$\cdots$	-2	$\cdots$	2	$\cdots$
y'	$-$	0	$+$	0	$-$
y	↘	-11	↗	21	↘

したがって　$\boldsymbol{-2<x<2}$ **のとき，*y* は増加し，**
$\boldsymbol{x<-2,\ 2<x}$ のとき，*y* は減少する。

182

(1) $y' = -2x + 4$

$= -2(x-2)$

$y' = 0$ とすると　$x = 2$

x	$\cdots$	2	$\cdots$
y'	$+$	0	$-$
y	↗	9	↘

したがって　**$\boldsymbol{x=2}$ で極大となり，極大値は 9**
極小値はない。

(2) $y' = 4x - 8$

$= 4(x-2)$

$y' = 0$ とすると　$x = 2$

x	$\cdots$	2	$\cdots$
y'	$-$	0	$+$
y	↘	-2	↗

したがって　**$\boldsymbol{x=2}$ で極小となり，極小値は $\boldsymbol{-2}$**
極大値はない。

183

(1) $y' = 3x^2 - 6x - 9$

$= 3(x+1)(x-3)$

$y' = 0$ とすると　$x = -1,\ 3$

x	$\cdots$	-1	$\cdots$	3	$\cdots$
y'	$+$	0	$-$	0	$+$
y	↗	5	↘	-27	↗

したがって　**$\boldsymbol{x=-1}$ で極大となり，極大値は 5**
$\boldsymbol{x=3}$ で極小となり，極小値は $\boldsymbol{-27}$

(2) $y' = -3x^2 + 3$

$= -3(x+1)(x-1)$

$y' = 0$ とすると　$x = -1,\ 1$

x	$\cdots$	-1	$\cdots$	1	$\cdots$
y'	$-$	0	$+$	0	$-$
y	↘	-4	↗	0	↘

したがって　**$\boldsymbol{x=1}$ で極大となり，極大値は 0**
$\boldsymbol{x=-1}$ で極小となり，極小値は $\boldsymbol{-4}$

184

$y' = 6x^2 - 6x$

$= 6x(x-1)$

$y' = 0$ とすると　$x = 0,\ 1$

x	$\cdots$	0	$\cdots$	1	$\cdots$
y'	$+$	0	$-$	0	$+$
y	↗	4	↘	3	↗

したがって　**$\boldsymbol{x=0}$ で極大となり，極大値は 4**
$\boldsymbol{x=1}$ で極小となり，極小値は 3

また，グラフは次の図のようになる。

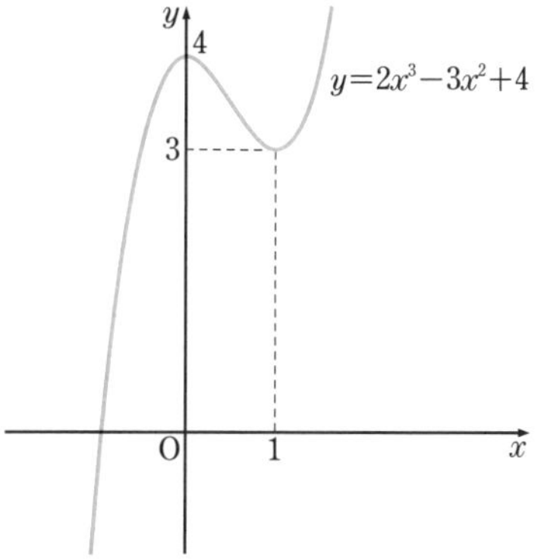

185

$y' = -3x^2 - 6x + 9$

$= -3(x+3)(x-1)$

$y' = 0$ とすると　$x = -3,\ 1$

x	$\cdots$	-3	$\cdots$	1	$\cdots$
y'	$-$	0	$+$	0	$-$
y	↘	-22	↗	10	↘

したがって　**$\boldsymbol{x=1}$ で極大となり，極大値は 10**
$\boldsymbol{x=-3}$ で極小となり，極小値は $\boldsymbol{-22}$

また，グラフは次の図のようになる。

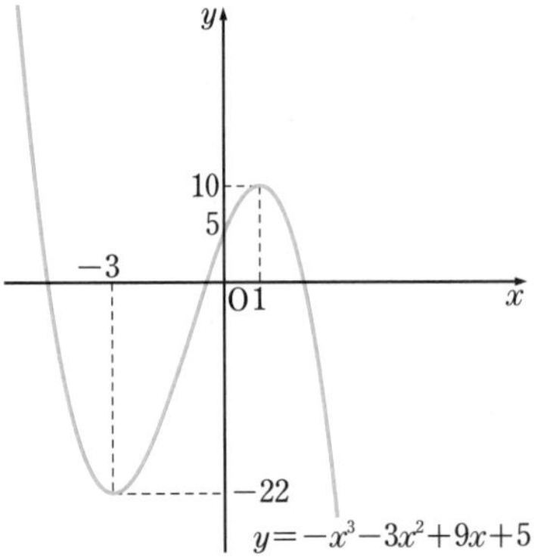

186

$y' = 3x^2 - 6x$

$= 3x(x-2)$

$y' = 0$ とすると　$x = 0,\ 2$

x	-2	…	0	…	2	…	3
y'		$+$	0	$-$	0	$+$	
y	-16	↗	4	↘	0	↗	4

したがって　**$x = 0,\ 3$ のとき，最大値は 4**

$x = -2$ のとき，最小値は -16

187

$y' = -3x^2 + 12$

$= -3(x+2)(x-2)$

$y' = 0$ とすると　$x = -2,\ 2$

x	-3	…	-2	…	2	…	3
y'		$-$	0	$+$	0	$-$	
y	-17	↘	-24	↗	8	↘	1

したがって　**$x = 2$ のとき，最大値は 8**

$x = -2$ のとき，最小値は -24

188

箱の高さを x cm とすると

縦の長さ　$(15-2x)$ cm

横の長さ　$(24-2x)$ cm

よって，箱の容積 y cm^3 は

$y = x(15-2x)(24-2x)$

$= 4x^3 - 78x^2 + 360x$

これより

$y' = 12x^2 - 156x + 360$

$= 12(x^2 - 13x + 30)$

$= 12(x-3)(x-10)$

$y' = 0$ とすると　$x = 3,\ 10$

ここで，$x > 0$ かつ $15 - 2x > 0$ かつ $24 - 2x > 0$ だから，定義域は

$0 < x < \dfrac{15}{2}$　------①

①の範囲における増減表は次のようになる。

x	0	…	3	…	$\frac{15}{2}$
y'		$+$	0	$-$	
y		↗	486	↘	

したがって，$x = 3$ のとき，y の値は最大になる。

箱の高さを 3 cm にすればよい。

189

(1) $\displaystyle\int x^7 dx = \boldsymbol{\frac{x^8}{8} + C}$

(2) $\displaystyle\int x^9 dx = \boldsymbol{\frac{x^{10}}{10} + C}$

(3) $\displaystyle\int x^{10} dx = \boldsymbol{\frac{x^{11}}{11} + C}$

(4) $\displaystyle\int x^{11} dx = \boldsymbol{\frac{x^{12}}{12} + C}$

190

(1) $\displaystyle\int 5x\,dx = 5\int x\,dx$

$\displaystyle = 5 \times \frac{x^2}{2} + C$

$\displaystyle = \boldsymbol{\frac{5}{2}x^2 + C}$

(2) $\displaystyle\int(-3x^2)dx = -3\int x^2 dx$

$\displaystyle = -3 \times \frac{x^3}{3} + C$

$= \boldsymbol{-x^3 + C}$

(3) $\displaystyle\int 8\,dx = 8\int 1\,dx = \boldsymbol{8x + C}$

(4) $\displaystyle\int(x^2-1)dx = \int x^2 dx - \int 1\,dx$

$\displaystyle = \boldsymbol{\frac{x^3}{3} - x + C}$

191

(1) $\displaystyle\int(7x+1)dx = 7\int x\,dx + \int 1\,dx$

$\displaystyle = 7 \times \frac{x^2}{2} + x + C$

$\displaystyle = \boldsymbol{\frac{7}{2}x^2 + x + C}$

(2) $\displaystyle\int(-4x+2)dx = -4\int x\,dx + 2\int 1\,dx$

$\displaystyle = -4 \times \frac{x^2}{2} + 2x + C$

$= \boldsymbol{-2x^2 + 2x + C}$

(3) $\displaystyle\int(6x^2 - 8x + 5)dx$

$\displaystyle = 6\int x^2 dx - 8\int x\,dx + 5\int 1\,dx$

$\displaystyle = 6 \times \frac{x^3}{3} - 8 \times \frac{x^2}{2} + 5x + C$

$= \boldsymbol{2x^3 - 4x^2 + 5x + C}$

(4) $\displaystyle\int(-3x^2 + x - 4)dx$

$\displaystyle = -3\int x^2 dx + \int x\,dx - 4\int 1\,dx$

$\displaystyle = -3 \times \frac{x^3}{3} + \frac{x^2}{2} - 4x + C$

$\displaystyle = \boldsymbol{-x^3 + \frac{x^2}{2} - 4x + C}$

192

(1) $\int x(2x-3)dx$

$=\int(2x^2-3x)dx$

$=2\int x^2dx-3\int x\,dx$

$=2\times\frac{x^3}{3}-3\times\frac{x^2}{2}+C$

$=\boldsymbol{\frac{2}{3}x^3-\frac{3}{2}x^2+C}$

(2) $\int(x-2)^2dx$

$=\int(x^2-4x+4)dx$

$=\int x^2dx-4\int x\,dx+4\int 1\,dx$

$=\frac{x^3}{3}-4\times\frac{x^2}{2}+4x+C$

$=\boldsymbol{\frac{x^3}{3}-2x^2+4x+C}$

(3) $\int(x-3)(x+5)dx$

$=\int(x^2+2x-15)dx$

$=\int x^2dx+2\int x\,dx-15\int 1\,dx$

$=\frac{x^3}{3}+2\times\frac{x^2}{2}-15x+C$

$=\boldsymbol{\frac{x^3}{3}+x^2-15x+C}$

(4) $\int(3x-1)^2dx$

$=\int(9x^2-6x+1)dx$

$=9\int x^2dx-6\int x\,dx+\int 1\,dx$

$=9\times\frac{x^3}{3}-6\times\frac{x^2}{2}+x+C$

$=\boldsymbol{3x^3-3x^2+x+C}$

193

$F(x)=\int f(x)dx=\int(2x+3)dx$
$=x^2+3x+C$

ここで，$F(2)=6$ だから

$2^2+3\times2+C=6$

$4+6+C=6$

$C=-4$

よって，求める関数 $F(x)$ は

$\boldsymbol{F(x)=x^2+3x-4}$

194

$F(x)=\int f(x)dx=\int(3x^2-4)dx$
$=x^3-4x+C$

ここで，$F(1)=2$ だから

$1^3-4\times1+C=2$

$1-4+C=2$

$C=5$

よって，求める関数 $F(x)$ は

$\boldsymbol{F(x)=x^3-4x+5}$

195

(1) $\int_2^3 x\,dx=\left[\frac{x^2}{2}\right]_2^3$
$=\frac{3^2}{2}-\frac{2^2}{2}=\frac{9}{2}-\frac{4}{2}=\boldsymbol{\frac{5}{2}}$

(2) $\int_{-3}^1 x\,dx=\left[\frac{x^2}{2}\right]_{-3}^1$
$=\frac{1^2}{2}-\frac{(-3)^2}{2}=\frac{1}{2}-\frac{9}{2}=\boldsymbol{-4}$

(3) $\int_{-2}^2 x^2dx=\left[\frac{x^3}{3}\right]_{-2}^2$
$=\frac{2^3}{3}-\frac{(-2)^3}{3}=\frac{8}{3}+\frac{8}{3}=\boldsymbol{\frac{16}{3}}$

(4) $\int_{-2}^5 4\,dx=\Big[4x\Big]_{-2}^5$
$=4\times5-4\times(-2)$
$=20+8=\boldsymbol{28}$

196

(1) $\int_1^3 2x\,dx=2\int_1^3 x\,dx=2\left[\frac{x^2}{2}\right]_1^3$
$=\Big[x^2\Big]_1^3=3^2-1^2$
$=9-1=\boldsymbol{8}$

(2) $\int_{-2}^1 3x\,dx=3\int_{-2}^1 x\,dx=3\left[\frac{x^2}{2}\right]_{-2}^1$
$=\frac{3}{2}\Big[x^2\Big]_{-2}^1=\frac{3}{2}\{1^2-(-2)^2\}$
$=\frac{3}{2}(1-4)=\boldsymbol{-\frac{9}{2}}$

(3) $\int_{-3}^1 6x^2dx=6\int_{-3}^1 x^2dx=6\left[\frac{x^3}{3}\right]_{-3}^1$
$=2\Big[x^3\Big]_{-3}^1=2\{1^3-(-3)^3\}$
$=2(1+27)=\boldsymbol{56}$

(4) $\int_{-2}^{-1} 4x^2dx=4\int_{-2}^{-1} x^2dx=4\left[\frac{x^3}{3}\right]_{-2}^{-1}$
$=\frac{4}{3}\Big[x^3\Big]_{-2}^{-1}=\frac{4}{3}\{(-1)^3-(-2)^3\}$
$=\frac{4}{3}(-1+8)=\boldsymbol{\frac{28}{3}}$

197

(1) $\int_1^2(2x+5)dx=2\int_1^2 x\,dx+5\int_1^2 1\,dx$
$=2\left[\frac{x^2}{2}\right]_1^2+5\Big[x\Big]_1^2$
$=\Big[x^2\Big]_1^2+5\Big[x\Big]_1^2$
$=(2^2-1^2)+5(2-1)$
$=3+5=\boldsymbol{8}$

(2) $\int_{-1}^2(3x^2-6x+5)dx$

$=3\int_{-1}^2 x^2dx-6\int_{-1}^2 x\,dx+5\int_{-1}^2 1\,dx$

$=3\left[\frac{x^3}{3}\right]_{-1}^2-6\left[\frac{x^2}{2}\right]_{-1}^2+5\Big[x\Big]_{-1}^2$

$=\Big[x^3\Big]_{-1}^2-3\Big[x^2\Big]_{-1}^2+5\Big[x\Big]_{-1}^2$

$=\{2^3-(-1)^3\}-3\{2^2-(-1)^2\}+5\{2-(-1)\}$

$=9-9+15=\boldsymbol{15}$

(3) $\int_{-1}^{1}(-6x^2+2x-3)dx$

$=-6\int_{-1}^{1}x^2dx+2\int_{-1}^{1}x\,dx-3\int_{-1}^{1}1\,dx$

$=-6\left[\frac{x^3}{3}\right]_{-1}^{1}+2\left[\frac{x^2}{2}\right]_{-1}^{1}-3\left[x\right]_{-1}^{1}$

$=-2\left[x^3\right]_{-1}^{1}+\left[x^2\right]_{-1}^{1}-3\left[x\right]_{-1}^{1}$

$=-2\{1^3-(-1)^3\}+\{1^2-(-1)^2\}-3\{1-(-1)\}$

$=-4+0-6=\mathbf{-10}$

198

(1) $\int_{2}^{3}x(x-3)dx$

$=\int_{2}^{3}(x^2-3x)dx$

$=\int_{2}^{3}x^2dx-3\int_{2}^{3}x\,dx$

$=\left[\frac{x^3}{3}\right]_{2}^{3}-3\left[\frac{x^2}{2}\right]_{2}^{3}$

$=\frac{1}{3}\left[x^3\right]_{2}^{3}-\frac{3}{2}\left[x^2\right]_{2}^{3}$

$=\frac{1}{3}(3^3-2^3)-\frac{3}{2}(3^2-2^2)$

$=\frac{19}{3}-\frac{15}{2}=\mathbf{-\frac{7}{6}}$

(2) $\int_{-1}^{2}(x+6)(x-2)dx$

$=\int_{-1}^{2}(x^2+4x-12)dx$

$=\int_{-1}^{2}x^2dx+4\int_{-1}^{2}x\,dx-12\int_{-1}^{2}1\,dx$

$=\left[\frac{x^3}{3}\right]_{-1}^{2}+4\left[\frac{x^2}{2}\right]_{-1}^{2}-12\left[x\right]_{-1}^{2}$

$=\frac{1}{3}\left[x^3\right]_{-1}^{2}+2\left[x^2\right]_{-1}^{2}-12\left[x\right]_{-1}^{2}$

$=\frac{1}{3}\{2^3-(-1)^3\}+2\{2^2-(-1)^2\}-12\{2-(-1)\}$

$=3+6-36=\mathbf{-27}$

199

(1) $2\leqq x\leqq 3$ の範囲で $x^2\geqq 0$ だから

$S=\int_{2}^{3}x^2dx$

$=\left[\frac{x^3}{3}\right]_{2}^{3}=\frac{1}{3}\left[x^3\right]_{2}^{3}$

$=\frac{1}{3}(27-8)$

$=\mathbf{\frac{19}{3}}$

(2) $1\leqq x\leqq 3$ の範囲で $2x-1\geqq 0$ だから

$S=\int_{1}^{3}(2x-1)dx$

$=2\int_{1}^{3}x\,dx-\int_{1}^{3}1\,dx$

$=2\left[\frac{x^2}{2}\right]_{1}^{3}-\left[x\right]_{1}^{3}=\left[x^2\right]_{1}^{3}-\left[x\right]_{1}^{3}$

$=(9-1)-(3-1)$

$=8-2$

$=\mathbf{6}$

200

(1) $1\leqq x\leqq 2$ の範囲で $x^2+2\geqq 0$ だから

$S=\int_{1}^{2}(x^2+2)dx=\int_{1}^{2}x^2dx+2\int_{1}^{2}1\,dx$

$=\left[\frac{x^3}{3}\right]_{1}^{2}+2\left[x\right]_{1}^{2}$

$=\frac{1}{3}\left[x^3\right]_{1}^{2}+2\left[x\right]_{1}^{2}$

$=\frac{1}{3}(8-1)+2(2-1)$

$=\frac{7}{3}+2$

$=\mathbf{\frac{13}{3}}$

(2) $-2\leqq x\leqq 1$ の範囲で $x^2+3\geqq 0$ だから

$S=\int_{-2}^{1}(x^2+3)dx=\int_{-2}^{1}x^2dx+3\int_{-2}^{1}1\,dx$

$=\left[\frac{x^3}{3}\right]_{-2}^{1}+3\left[x\right]_{-2}^{1}$

$=\frac{1}{3}\left[x^3\right]_{-2}^{1}+3\left[x\right]_{-2}^{1}$

$=\frac{1}{3}(1+8)+3(1+2)$

$=3+9$

$=\mathbf{12}$

201

放物線 $y=x^2-9$ と x 軸との交点の x 座標は

$x^2-9=0$ から　$(x+3)(x-3)=0$

よって　$x=-3,\ 3$

$-3\leqq x\leqq 3$ の範囲で $x^2-9\leqq 0$ だから，この放物線は x 軸より下側にある。

したがって

$S=\int_{-3}^{3}\{-(x^2-9)\}dx$

$=\int_{-3}^{3}(-x^2+9)dx$

$=-\frac{1}{3}\left[x^3\right]_{-3}^{3}+9\left[x\right]_{-3}^{3}$

$=-\frac{1}{3}(27+27)+9(3+3)$

$=-18+54=\mathbf{36}$

202

放物線 $y=x^2+3x$ と x 軸との交点の x 座標は

$x^2+3x=0$ から　$x(x+3)=0$

よって　$x=0,\ -3$

$-3\leqq x\leqq 0$ の範囲で $x^2+3x\leqq 0$ だから，この放物線は x 軸より下側にある。

したがって

$S=\int_{-3}^{0}\{-(x^2+3x)\}dx$

$=\int_{-3}^{0}(-x^2-3x)dx$

$=-\frac{1}{3}\left[x^3\right]_{-3}^{0}-\frac{3}{2}\left[x^2\right]_{-3}^{0}$

$=-\frac{1}{3}(0+27)-\frac{3}{2}(0-9)$

$=-9+\frac{27}{2}=\mathbf{\frac{9}{2}}$

203

$-1 \leqq x \leqq 2$ の範囲で $2x^2+3 \geqq x^2+1$ だから

$$S=\int_{-1}^{2}\{(2x^2+3)-(x^2+1)\}dx$$
$$=\int_{-1}^{2}(x^2+2)dx$$
$$=\frac{1}{3}\Big[x^3\Big]_{-1}^{2}+2\Big[x\Big]_{-1}^{2}$$
$$=\frac{1}{3}(8+1)+2(2+1)$$
$$=3+6=\mathbf{9}$$

204

$-1 \leqq x \leqq 1$ の範囲で $2x^2+5 \geqq -x^2+4$ だから

$$S=\int_{-1}^{1}\{(2x^2+5)-(-x^2+4)\}dx$$
$$=\int_{-1}^{1}(3x^2+1)dx$$
$$=\Big[x^3\Big]_{-1}^{1}+\Big[x\Big]_{-1}^{1}$$
$$=(1+1)+(1+1)$$
$$=2+2=\mathbf{4}$$

205

放物線 $y=x^2+1$ と直線 $y=x+7$ との交点の x 座標は $x^2+1=x+7$ の解だから

$$x^2-x-6=0$$
$$(x+2)(x-3)=0$$
$$x=-2,\ 3$$

$-2 \leqq x \leqq 3$ の範囲で，直線 $y=x+7$ が放物線 $y=x^2+1$ より上側にあるから，$x+7 \geqq x^2+1$

よって，求める面積 S は

$$S=\int_{-2}^{3}\{(x+7)-(x^2+1)\}dx$$
$$=\int_{-2}^{3}(-x^2+x+6)dx$$
$$=-\frac{1}{3}\Big[x^3\Big]_{-2}^{3}+\frac{1}{2}\Big[x^2\Big]_{-2}^{3}+6\Big[x\Big]_{-2}^{3}$$
$$=-\frac{1}{3}(27+8)+\frac{1}{2}(9-4)+6(3+2)$$
$$=-\frac{35}{3}+\frac{5}{2}+30=\mathbf{\frac{125}{6}}$$

206

放物線 $y=x^2-4x$ と放物線 $y=-x^2+6$ との交点の x 座標は $x^2-4x=-x^2+6$ の解だから

$$2x^2-4x-6=0$$
$$x^2-2x-3=0$$
$$(x+1)(x-3)=0$$
$$x=-1,\ 3$$

$-1 \leqq x \leqq 3$ の範囲で，放物線 $y=-x^2+6$ が放物線 $y=x^2-4x$ より上側にあるから，

$-x^2+6 \geqq x^2-4x$

よって，求める面積 S は

$$S=\int_{-1}^{3}\{(-x^2+6)-(x^2-4x)\}dx$$
$$=\int_{-1}^{3}(-2x^2+4x+6)dx$$
$$=-\frac{2}{3}\Big[x^3\Big]_{-1}^{3}+2\Big[x^2\Big]_{-1}^{3}+6\Big[x\Big]_{-1}^{3}$$
$$=-\frac{2}{3}(27+1)+2(9-1)+6(3+1)$$
$$=-\frac{56}{3}+16+24$$
$$=\mathbf{\frac{64}{3}}$$

207

放物線 $y=x^2-1$ と x 軸との交点の x 座標は

$$x^2-1=0$$
$$(x+1)(x-1)=0$$
$$x=-1,\ 1$$

$-1 \leqq x \leqq 1$ の範囲で $x^2-1 \leqq 0$

$1 \leqq x \leqq 2$ の範囲で $x^2-1 \geqq 0$

よって，求める面積 S は

$$S=\int_{-1}^{1}\{-(x^2-1)\}dx+\int_{1}^{2}(x^2-1)dx$$
$$=-\frac{1}{3}\Big[x^3\Big]_{-1}^{1}+\Big[x\Big]_{-1}^{1}+\frac{1}{3}\Big[x^3\Big]_{1}^{2}-\Big[x\Big]_{1}^{2}$$
$$=-\frac{1}{3}(1+1)+(1+1)+\frac{1}{3}(8-1)-(2-1)$$
$$=-\frac{2}{3}+2+\frac{7}{3}-1=\mathbf{\frac{8}{3}}$$